Introduction to Origami-based Engineering

折紙工学入門

折紙−幾何学−ものづくりの架け橋

野島武敏
Taketoshi Nojima

化学同人

まえがき

　表題の「折紙工学」は、折紙手法をものづくりに応用しようと考えた著者の造語である。折り畳みの研究を始めたきっかけは、NASA が打ち上げたスパルタン 207 衛星のレンズアンテナを支える、折り畳まれたチューブ状の支柱が宇宙空間で奇妙な形で展開する様子を見たことや、使用済みペットボトルの減容化の話を受けたことなどによる。このような状況で、円筒、円錐、パラボラ面や球などの基本要素の折り畳み法を数理的に開発しておくことが必要だろうと考えた。折り畳み可能な模型製作、環境負荷を軽減する折り畳み容器の創作、折紙特性を生かした軽量構造の開発などを錦の御旗に、折紙研究を始めた。当時、大学レベルで研究を始めていたのは、英国ケンブリッジ大学のグループのみであったが、彼らの研究手法は工学的ではあるが学術的な品位も感じた。彼らに伍すため、座屈の様式、植物のパターンの解析、昆虫の翅の折り畳みなど、折り畳みに関連・寄与すると思われるあらゆるものを研究テーマの候補とした。

　折紙工学を学術的に組み上げる縦糸として幾何学を、横糸として他の学術研究との関連付けを目指した。捩れ多面体や空間充塡についての幾何学的知見を軽量コアの模型作りに応用した。

　折紙手法によるものづくりを更に深化するためには、幾何学的意味を持つ折紙模型を教育現場に提供し、幾何学に精通した工学研究者や折紙愛好家を育てねばならない。このように考え、本書では幾何学に関する記述に多くのページを費やした。〝双対〟の考えに基づき、多面体の展開図形の内心点を結ぶ線分を折り線群とする〝双対折紙〟を提案し、多面体を別の多面体に変換する手法や星型多面体などの難解な幾何学の立体模型を中学高校生が自作し、理解できるようにすることを目指した。折紙手法が 3 次元の幾何学の解釈に何らかの形で寄与することができるようになれば、これらが逆にものづくりに大きく貢献するに違いないと考えた。本書では折紙幾何学に重心を置きつつ、主に著者がこれまでに得た研究成果を総括し、コンパクトに記述しようと考えている。

　最後に、折紙研究を始めたころ共同で研究された亀井岳行氏(現、弁理士)、その後、研究で尽力いただいた斉藤淳(三菱重工業株式会社)、斉藤一哉(九州大学)、石田祥子(明治大学)ら諸氏、長きにわたり甚大な協力を賜った杉山文子氏(元、京都大学)に感謝する。また、本書の執筆に際し的確なご指摘を数多くいただいた化学同人の津留貴彰氏に深甚なる謝意を表したい。

2022 年 6 月

野島武敏

目 次

本書に掲載した展開図の一部を、化学同人ホームページで公開しています。
https://www.kagakudojin.co.jp/book/b614468.html

第 1 章　折紙工学とは

1.1　折紙工学の考え

　折紙構造が持つ折り畳み機能と軽量構造強化機構などの優れた特性を工学に応用することを考え、折紙の研究を始めてからおよそ20年余が過ぎた。最初、折り畳み・展開ができる宇宙構造の創出を念頭に、基本的な構造となる円筒や円錐、円形膜などの折り畳み法の数理化を系統的に行い[1~7]、切紙の手法を応用して任意の断面形状を設計できる3次元ハニカムコアと名付けた強靭な軽量構造の折紙モデルを創出した[8]。これらの研究結果をベースに折紙の工学的な応用をめざした表題の「折紙工学」をほぼ20年前に提唱し、京都新聞でこれが最初に紹介された。その後、『ネイチャー』誌[9]、日米の10紙余の日刊紙やNHKの「サイエンス・ゼロ」などで紹介され、折紙の産業応用に大きな関心を持ってもらえたと考えている[10~14]。ここで言う折紙工学とは、広い意味で折紙の手法を用いるもので、伝統的な平面シートの折紙のみならず、

工学的に簡素な加工をもたらすならば、平面紙へのスリットや切り抜き、糊付けなども容認した極めて広いものを言う。

　折紙遊びは古く平安時代にもさかのぼるとも言われ、折紙やそれから派生した種々の手法はわれわれの日々の生活に溶け込んでいる。そのため、わが国では折紙や切紙を遊びとして捉え、学術的観点からその本質を明らかにしようとする努力を怠って来たとの感は否めない。近年、世界中で折紙の持つポテンシャルに着目し、学術的な研究が盛んになっており、わが国でも伝統に培われた膨大な知見を利用し研究開発を更に進展させねばならない。

　あまり語られることはないが、多くの工業製品の軽量化のため隠れた部分で頻繁に用いられ、今日の航空・宇宙産業の隆盛をもたらした**図1.1**(a)に示す超軽量、高剛性のハニカムコア(蜂の巣構造)は、終戦直後、英国の技術者がわが国の七夕飾り[**図1.1**(b)(c)]を基に

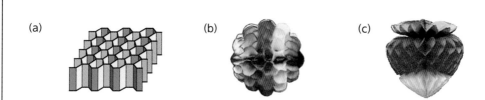

図1.1　(a)ハニカムコア(蜂の巣構造)、上下に表面板を貼り付けることで積層板となり、軽量で高剛性の航空宇宙材料を作成、(b)(c)七夕でんぐり

発明したとも言われる。この通説の真偽のほどは定かでないが、先人の残した優れた折紙の玩具に秘められた本質をわが国では工業的に用いる機会を失った。例えば、わが国の先端技術の1つであるロボット工学は江戸期のからくり技術を基にしたと言われる。伝統技術の多くは手仕事であるため、まさにローテクではあるが、学術的な手が加わると先端技術に変貌する場合も多い。そうであるならば、折紙技術も先端技術に脱皮させ得る残された伝統文化の1つではないだろうか?

著者はこのような考えで、折り畳まれた状態から良好に展開できる円筒、円錐や円形膜、あるいはこれらを組み合わせて作られる半球、パラボラ面などの構造の折り畳み方法を数理的に定式化し、数多くの模型を世界に先駆けて提案してきた[1~7、15~20A]。4方の端が自由に動く1枚の紙では折り畳みとその展開は自由にできるが、円筒、円錐、球など閉じた、あるいは一部が閉じた力学的な拘束がある構造を折り畳むのは、思うほど簡単なことではない。著者は、折り線を螺旋状に配置することで構造に折り畳みと展開の性能が生じることを見出し、螺旋状の折り線を用いてこれらの構造をデザインした。また、折り線の作る螺旋模様と植物や貝などの生物のそれらには数学的な類似性(アナロジー)があることに着目し、数理面から統一的な解釈を与える努力を行った[20B、22]。これによって開発された折紙模型を、逆に生物の形態や構造、動作などの理解を深めるためのモデル製作に用いた。それゆえ、本書では非対称な螺旋のパターンが折り畳み構造の主要なキーワードの1つになっている。

自然界には螺旋形状を呈するものが極めて多いにも拘らず、学校教育ではこれに十分な関心が払われることがなかったように思われる。非対称な螺旋とはどのようなもので、われわれはどこでそれらを見ているのであろうか。以下に2つ幾何学模様を紹介する。図1.2(a)は正方形の4辺の中点A、B、C、Dを結んで正方形の内部に小さな正方形を描き、これを繰り返すことにより得たものである。図1.2(b)は作られた図形に色付けしたもので典型的な対称の形状である。普通は決して螺旋状には見えないのだが、図1.2(b)を(c)の

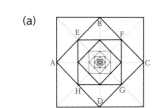  

図1.2　対称な模様〔(a)、(b)〕と螺旋模様(c)(各辺の中央点を連結)

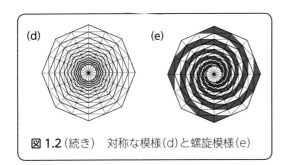

図 1.2（続き）　対称な模様(d)と螺旋模様(e)

ように色を塗りかえると4本の螺旋が描く螺旋模様がくっきりと表れる[23]。人の目は意外に、当てにならないのである。同じ操作を正8角形に行うと**図 1.2**(d)(e)を得る。

　これらの螺旋図は数学的に面白いことを含んでいる。いずれの図も相似の3角形で全面が埋め尽くされており（自己相似という）、それらの頂点は等比級数的に（一定の比率で）小さくなる半径上にある。それゆえ、螺旋図の境界線は等角螺旋と呼ばれる曲線になる〔例えば、**図 1.2**(c)の螺旋のカドの点では常に半径方向と45°である〕。本書においては、折り畳み模型の大部分は(歪んだ)4角形の自己相似形をもとにした展開図で作られたものを使用する。

　図 1.3(a)は細長い2等辺3角形(底辺部は斜め切断)を色分けして示すように相似形の少し歪んだ台形形状になるよう同じ角度で切断したものである。**図 1.3**(b)(c)がそのうちの2つを取り出したもので、**図 1.3**(c)のように右の部分を裏返して貼り付けてゆくと**図 1.3**(d)の巻貝の螺旋形になる(**第3章末コラム**参照)。

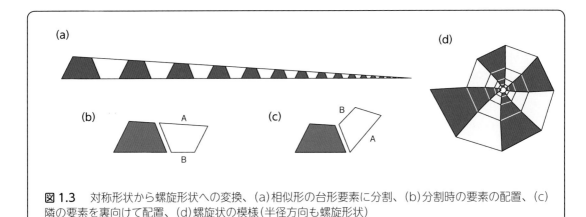

図 1.3　対称形状から螺旋形状への変換、(a)相似形の台形要素に分割、(b)分割時の要素の配置、(c)隣の要素を裏向けて配置、(d)螺旋状の模様(半径方向も螺旋形状)

1.2 折紙手法と幾何学の基礎および新たに考案した双対折紙

ものづくりや教育に用いられることを期して記述した本書の概要を以下に示す。最初に、折紙模型を作る際に必要と考える基礎的な事項と折り畳みの模型製作の具体例を示す。次に、折紙とものづくりをつなぐ基礎となると考える幾何学の基本的な知見について述べる。また、幾何学の多面体間の関連に関する双対の考えを用いた、新たに考案した双対折紙の手法を述べる。

(a) 折紙手法

折り畳みのできる模型を作るのに不可欠な基礎的知見は意外に少なく、折り線が集まる節点で平坦に折り畳む条件(補角条件)や節点に集まる折り線数を偶数(例えば、4本;1節点4折り線法、**図3.9**参照)にせねばならないことなど、簡単な事項のみである[24]。しかしながら、このような基本的な知見だけで折り畳みのできる模型をすぐに作れるわけではなく、これらの必要な条件を所望する模型にうまく嵌め込むことが必要である。本書で主に用いる折り畳み方法は4つの手法を組み合

わせて著者自身が考案したぐうたら万能法である。この手法はエレガンスには欠けるが、応用の範囲に特段の制限がなく、かつ、折り畳みの本質的なところにつながっていると自負する代物である。最初に、正方形状に折り畳まれる筒を例にしてこの手法の概略を述べる。

図1.4(a)に示すように薄い紙に等間隔で水平の折り線を十数本引く。**図1.4**(b)のような短冊を中心軸と $\alpha = 45°$ で折り曲げると直角に曲がる〔**図1.4**(c)〕ことを考慮して、最上段にこれらの折り線と45°になるよう5本の折り線用のガイド線を描いておく。

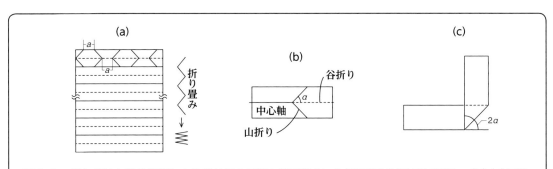

図1.4 重ね折りと斜め切断による折り畳み可能な筒の製作、(a)短冊状の折り目の導入、(b)(c)短冊の折り曲げ

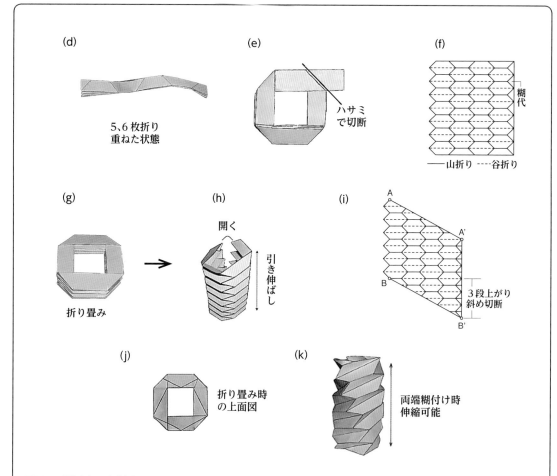

図 1.4（続き）　(d)折り重ねた状態、(e)重ね折り、切断、(f)表裏則を用いて折り線の組み替え、(g) (h)折り畳みの状態と引き伸ばしたときに生じる両端の離れ、(i)斜め切断による折り線の螺旋化（3段上がりの場合）、(j) (k)折り畳み時と展開時の折紙模型の様子

図 1.4 (d)のように水平の折り線で山、谷交互に折り、短冊状に折り畳む。これを1枚の紙と見なし、ガイド線に沿って強引に**図 1.4**(e)のように折り畳む（重ね折り）。このとき、**図 1.4**(a)の左右端のガイド線を一致させ、糊代部分を残してハサミで切り捨てる。平面に戻し、山、谷折りを入れ換えて**図 1.4**(f)の

ような折り線図とする（表裏則）。これを折ると**図 1.4**(g)のように4角形状にすき間なく閉じた形で折り畳まれるが、引き伸ばすと両端が開く［**図 1.4**(h)］。離れた両端を接合すると筒の伸縮が困難なので、**図 1.4**(i)のように（例えば）3段上がりで斜めに切断する（斜め切断法による折り線の螺旋化）。

筒状にして左右(A − B、A' − B')を糊付けすると**図 1.4** (j) (k)のような伸縮のできる模型が得られる。閉じる条件は、個別に検討しなければならないが、斜め切断法を用いたこの模型では、**図 1.4** (g)で元々担保されているので考慮が不要である。α = 30° として、後述の**図 4.4** (e)の 6 角形の模型が自作できれば、円筒の折り畳み模型の設計法をほぼ習得したものとしても良いと考える。

上で用いた法則をまとめると

(1) 表裏則；節点で 1 つの折り畳み方法があると、(裏の)もう 1 つ別の方法が必ずある。これを用いると折り畳みのできる模型の設計が極めて楽になる。1 節点 4 折り線のとき、他に 1 つ〔**図 3.10** (a) (b)〕、1 節点 6 折り線のときには、他に 2 つある。

(2) 重ね折りと対称性；(矩形の)紙を短冊状に折り重ね、1 枚と見立てて一度に折る。開けてみると、対称の折り目が多数作られている。折り線の対称性は折り畳みを可能にし、折り畳み構造を設計する際のキーワードの 1 つになる。

(3) 斜め切断による螺旋模様の模型の製作；対称に描いた折り線図を斜め切断することで、折り線図の螺旋化がなされる。結果、折り畳みのできる筒などを簡単に製作できる[1, 2]。

(4) 閉じる条件[1, 2]；筒などの展開図を平坦に折り畳んだとき、展開図の左右端が完全に一致する(閉じる)ことを表す。円筒などの閉じた構造の折り畳みを実現する基本である(**図 4.3** 参照)。

(b) ものづくりを支える幾何学の知見と双対折紙による多面体の創作と変換

折り畳みのできる模型などをデザインするとき展開図は繰り返しの図形になる。このような模様は幾何学の平面充塡の考えが基礎になる。また 3 次元の模型を製作する際には、多面体や空間充塡などの知見が何らかの形でその設計に寄与する。本書では、折紙の手法を用いたものづくりを考え、新しい折紙模型の創成に役立つと信ずる幾何学の基本事項を記述する。

(1) 正充塡形やアルキメデスの平面充塡形と半正多面体[25~28]などの立体の展開図との関連を確認するため、平面充塡形を直接用いて半正多面体の展開図を作る方法を採用する。これは、平面充塡と多面体の間の関連など幾何学の基本部分の理解を明確にすることを意図するものである。

(2) 多面体における双対の考えを用いてその展開図に折り線を付与し、別の多面体を作る方法を創案した。この手法を双対折紙 (Dual Origami) と名付けた〔**第 2 章 2.4 (b)**〕。これは、展開図を作る要素図形の中心 (一般的には内心) を相互に結び折り線とし、1 つの多面体を別の多面体

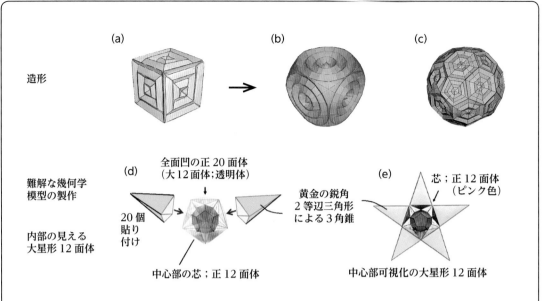

造形

難解な幾何学
模型の製作

内部の見える
大星形12面体

図1.5 (a)～(c)多面体の造形加工、コルゲート面の立方体、その変形体および切頂20面体(サッカーボール)、(d)(e)双対折紙による中心部が可視化された大星型12面体(透明体部;大12面体、芯;正12面体)、20個の外付けのツノ部分;黄金の鋭角の2等辺3角形を面とする正3角錐

に変換する手法である。このような創作の過程で、**図1.5**(a)～(c)に示す波紋状のコルゲート面からなる立方体、その変形体や切頂20面体(サッカーボール)などの半正多面体が作られ、平面からなる多面体模型を細工し、多面体に造形性を付与できることが分かった。

　また、正12面体の展開図に双対折紙を行うことによって著名なケプラー・ポアンソの星型正多面体の一つ、大12面体が瞬時に作られることが示された[**図1.5**(d)中央の透明体、**図2.27**(j)(k)参照]。この大12面体の内部に正12面体を芯として配置し、外側の20個の凹面

すべてに黄金の鋭角2等辺3角形3個で作られた正3角錐を配置すると、大星型12面体になる。また、その一部を取り去ると、大星型12面体の芯部分を可視できる。この模型により、大星型12面体が正12面体を芯とし、これに12枚の星型正5角形[**図1.5**(e)の外枠分]を貼り付けて作られていることが目視により理解・納得できる。また、星型多面体の1つの大20面体の可視化模型も双対折紙により作られ、この手法による一連の模型作りにより、難解な星型正多面体の理解が容易になることが示される[**第2章末のコラム**および**付録4**(d)参照]。

1.3　数理化とものづくり

(a) 数理化、定式（公式）化

アルキメデスの螺旋や等角螺旋の基本的な性質とそれらの利用法、主に折り畳み模型のモデル化などへの応用については**第3章、第4章**で述べる。折り畳みのできる円筒（角筒）の展開図を作ることは、慣れればそれほど難しいことではない。等角螺旋の基本がマスターできれば、円錐のそれらの設計も自由にできるようになる。等角螺旋やアルキメデスの螺旋を用いた折り畳み模型は、円筒、円錐や円形膜については数理的に定式化しているため[1~7, 20A]、無数にある折り畳みのできる折紙模型を自由に創作できる。また、（本書では述べていないが）等角螺旋と関連する極座標変換を学校教育で習得済みであれば、これを併用することで模型の創作範囲が一挙に増えるとともに、パソコンや市販の円形グラフ用紙を用いて数学の実習教育にも採用できると考える。数理化して一般式を作ることは学術研究の王道でもあり、数理化が進んで、新たな分野が開発されることを期待している。

(b) ものづくり

折紙の手法を用いてものづくりを具現化する際には著者も難渋することが多い。実際、製品化されたものは比較的高額なもので、汎用品は数少ない。著者が最も期待した折り畳み型のボトルも素晴らしい製品が試作されたにも拘らず、なぜか製品化はできなかった苦い経験もした。ものづくりはその創案・発想から、設計、製作して製品を作り上げるまでの長い道のりを克服する力を必要とする。

多くのものの習得がそうであるように、ものづくりも最初は広い意味で模倣である。しかし、ものまね、パクリはひんしゅくものである。ここでは生物の機能や構造の模倣やおもちゃのハイテク化などを、その候補として推奨したい。生物の模倣はバイオミメティクス(生物模倣学)と呼ばれ、実際、多くの製品がこの手法で実用化されている。初心者であっても比較的取り組みやすい新しい研究分野である[29]。本書で述べる円形膜の巻き取り収納法は、ヒマワリの種子の配列の模倣からスタートしている。また折り畳み構造をしなやかな構造と見て、昆虫や植物の構造に興味を持ち、その分析と応用を考えてきた。そのため本書では植物の形態などについても記述し、**第7章**では著者自身の未解決の問題として、朝顔の開花模型や昆虫の翅の折り畳みについて記した。最初に述べたように、ハニカム構造は玩具の模倣と見ることもでき、少しの遊び心とそれによる発想の転換で面白いものが創作できる夢は大きい。

図1.6(a)～(e)はJAXAのイカロスと名付

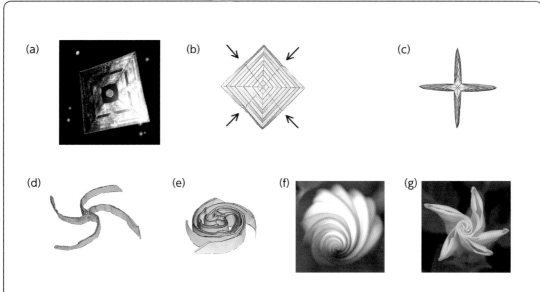

図 1.6　(a) JAXA のソーラーセイル(イカロス)、© JAXA、(b) ～ (e) 展開時とその収納過程、(f) (g) 夕顔の蕾の開花・展開

けられた宇宙ヨットと呼ぶべきソーラーセイル[(30)]で、その収納過程を想定したものである。この折り畳みのキーは十文字に設けられた折り線である。著者がこれを見たとき、最初に思いついたのが夕顔の展開と収納〔**図 1.6** (f) (g)〕である。ただ、この折り畳みがどのような着想でこのようになったのかの経緯については知らない。

　本章の最初に述べた折り畳みの機能は、しなやかに展開・収納ができる柔軟な折り畳み(最弱ともいえる)構造をもたらし(**第 4 章**)、構造の強化の機能は軽量のハニカムコアや強靭なパネルの創成をもたらす(**第 6 章**)。これらの機能は相反する両極端の特性で、折紙によるものづくりは、正にこの両極端の特性に

関連する面白い研究領域なのである。これらのことに関して、最後に次のことを記しておきたい。ものづくりにおいては、ピュアで常識的な感性や感覚が何といっても正解への近道なのではなかろうか？　**図 1.7** (a) ～ (d) は同じ部材の柱を使って家の側面を作ったときのポンチ絵である。直感的に、どの構造が地震に対して安全と感じるだろうか？　普通は図の(a)、(b)、(c)は同じで(d)が最弱、あるいは(a)、(b)、(c)、(d)の順に選ぶのではないだろうか。**図 1.7** (d)はいかにも壊れそうである。折り畳み構造の展開図は、正にこの壊れやすさの普通の感覚に従って作られる(**図 4.6** 参照)。最強の構造と最弱の構造はほとんど紙一重、ちょっとした違いであるとも

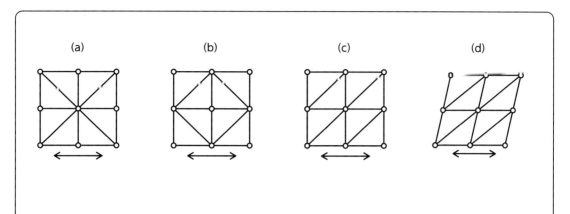

図 1.7　同じ量の材料を使った骨組み構造の強度や変形しやすさの感性による評価

言える。また、**図 1.7** (d)の段あたりの数を５つ６つに増やして丸めると、対角線と鉛直方向の線分が円筒状に巻く螺旋となり、**図1.4**で述べた閉じた模型の折り畳みは螺旋構造のストーリーが成り立つのである（**図 4.6**参照）。

　最後に、本書の内容は主に、著者が永年にわたり考えてきた折紙の工学化についての考えを記述したもので、幾何学の基礎的部分や折紙の基本事項を除いて、ほとんどすべては著者自身や共同研究者と行った仕事の記述からなっている。そのため、著作内容は現在の折紙を基にする工学について、公表されたすべての研究成果を網羅したものではない。なお、従来の折紙手法による幾何学模型の製作については川村みゆき著『多面体の折紙』[31]、前川純著『折る幾何学』[32]など、純学術的にアプローチした幾何学的な知見については、永年、著者が参考にして来た一松信著『正多面体を解く』[25]、幾何学全般の極めて幅広い知見の習得は、格段に詳しい宮崎興二著『多面体百科』[28]、高度な幾何学模型の製作についてはウェニンガー著『多面体の模型』[33]などを参照、参考にして欲しい。

第2章　幾何学の基礎と折紙への応用

　ものづくりの際に必要な平面充塡形や空間充塡形の基礎的知識、および種々の多面体などの幾何学の基礎的な知見について述べる。正多面体の展開図については、正多角形を組み合わせて作る慣用のものではなく、正充塡形やアルキメデスの充塡形などの平面充塡形を用いて作ることを新たに試みる。また、多角形の面の中心（内心）を結ぶ線分を新たな折り線として付与し、多面体を加工・創製する新たに考案した双対折紙と名付けた折紙手法を紹介する。

2.1　幾何学の基礎^(25～28)

(a) 平面充塡形（タイル貼り）

　平面充塡とは、ある形の図形で平面を隙間なく敷きつめることを言い、敷きつめられた平面全体を平面充塡形（タイル貼り）と言う。タイル貼りは1種類だけによるものあるいは数種類の組み合わせによるものなど、その方法は無数にあるが、基本となるものには正充塡形とアルキメデスの充塡形などがある。

　図2.1に正方形や正6角形を基にする代表的なタイル貼りを示す。基本となる周期的なタイル貼りのうち、1種類の正多角形のみで平面を充塡できるのは図に示されるように正3角形、正方形(正4角形)および正6角形のみであり、単一の正多角形だけを用いて作るため正充塡形と呼ばれる。

　図2.2に示された平面充塡形は、2種類以上の正多角形の組み合わせによるもので、それらは正方形、正3、6、8、12角形の組み合わせからできている。図2.1の単一の正多角形で作られるタイル貼りに対して、これら8種類の充塡形は何種類かの正多角形の組み合わせによるもので、アルキメデスの充塡形と呼ばれる。結局、正多角形だけによるタイル貼りは図2.1の3つとあわせて合計11種類になる。これらの充塡形は1つの頂点に集まる多角形の組み合わせで、図2.2の各図の下に記した記号で呼ばれることが多い。例えば図2.2(a)は1つの頂点のまわりに集まる多角形が正3、6、3、6角形の順であるため(3, 6, 3, 6)と記され、そのように呼ぶことも多い。

　図2.3に正方形などの多角形を基本とする代表的なタイル貼りの例を示す。このようなタイル貼りの模様は無数にある。関連する問題として、タイル貼りをした後、色分けする方法の問題、凹凸を設けたタイルの陰影による模様の変化など幾何学的あるいは実用的に興味深く面白い課題が多い^(26, 27)。

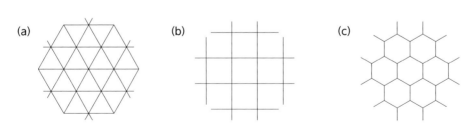

図2.1　単一の正多角形(正3角形、正方形、正6角形)による平面充塡(タイル貼り)

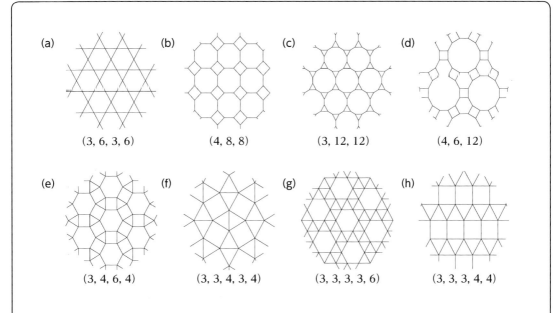

(a) (3, 6, 3, 6)　(b) (4, 8, 8)　(c) (3, 12, 12)　(d) (4, 6, 12)

(e) (3, 4, 6, 4)　(f) (3, 3, 4, 3, 4)　(g) (3, 3, 3, 3, 6)　(h) (3, 3, 3, 4, 4)

図 2.2　正多角形(正方形、正3角形、正6角形、正8角形、正12角形)の組み合わせで作られる8種類のアルキメデスの平面充填形

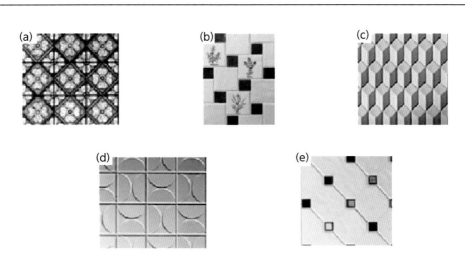

図 2.3　タイル貼りの例、基本形は正方形などの組み合わせ、色付け、凹凸による3次元化、色付けや陰影などの処理で別の充填形に見える、(a) 正方形、(b) 寸法の異なる正方形の組み合わせ、(c) 正方形と平行4辺形、(d) 正方形に半円2個の模様、砂時計模様による平面充填との考え可能、(e) 正方形と8角形の組み合わせ〔(株)平田タイル提供〕

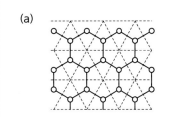 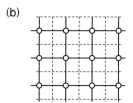 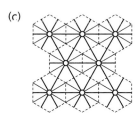

図2.4 双対の関係図、(a)(c)正3角形の内心を結んで得る正6角形のタイル貼り、正6角形の内心を結んで得る正3角形のタイル貼り、(b)正方形自身の自己双対

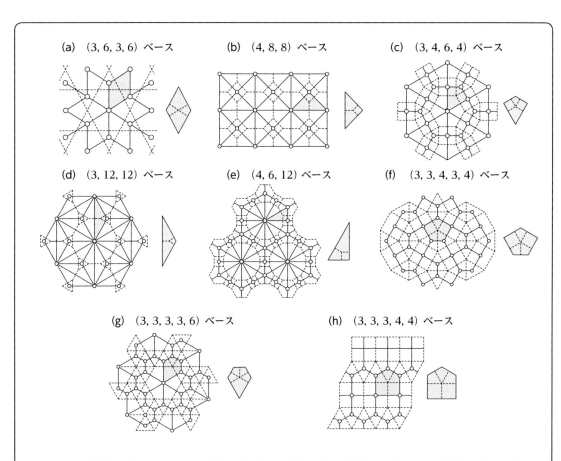

図2.5 8種類のアルキメデスの充填形の双対形(充填形の基本図形は充填図の右に記載)、正多角形の中心(内心)を結んで得られる新しい平面充填形、基本図形:菱形、凧形、5角形および各種3角形など

図 2.4 (a) (c) のように、図 2.1 (a) の点線で示された正 3 角形のタイル貼りの中心 (白丸点) を結ぶと正 6 角形によるタイル貼りに、図 2.1 (c) の正 6 角形のタイル貼りの中心を結ぶと正 3 角形によるタイル貼りになる。このためこれら 2 つは対の関係にあるとし、双対であると言う。一方、図 2.1 (b) に示す正方形によるタイル貼りでは中心と頂点が入れ替るだけであるため、自己双対と呼ばれる。

8 種類のアルキメデスの充塡形 (図 2.2) の双対形を示すと図 2.5 のようになる。これらの充塡形は新たな平面充塡形を提示するとともに、本章で後述する半正多面体の双対多面体 (カタランの立体、図 2.35) を理解する際のイメージづくりに役立つ。双対形の基本図形は菱形、直角 2 等辺 3 角形、凧形、2 等辺 3 角形、直角不等辺 3 角形および 5 角形などになる。基本図形中に引かれた点線は各辺に垂直で中心点からの長さが等しい。すなわち、これらの図形の中心点は図形の内心であり、図 2.5 の双対形から図 2.2 のアルキメデスの充塡形を定める際にも内心を中心点と考える。アルキメデスの平面充塡形 8 種の双対充塡形の基本図形は以下のようになる。

アルキメデスの平面充塡形 8 種の双対充塡形の基本図形	
① (3, 6, 3 ,6)	菱形 (尖った頂角 60°)
② (4, 8, 8)	直角 2 等辺 3 角形
③ (3, 4, 6, 4)	凧形 (尖った頂角 60°、直角)
④ (3, 12, 12)	2 等辺 3 角形 (頂角 120°)
⑤ (4, 6, 12)	直角 3 角形 (90、60、30°)
⑥ (3, 3, 4, 3, 4)	5 角形 (120°3 個、90°2 個)
⑦ (3, 3, 3, 3, 6)	5 角形 (120°4 個、60°1 個)
⑧ (3, 3, 3, 4, 4)	5 角形 (120°3 個、90°2 個)

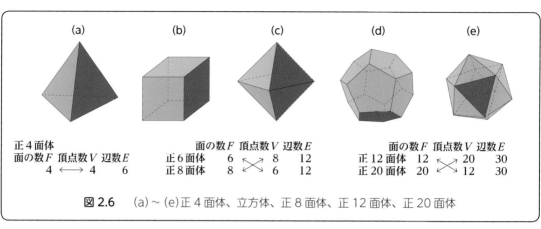

図 2.6　(a)〜(e)正４面体、立方体、正８面体、正12面体、正20面体

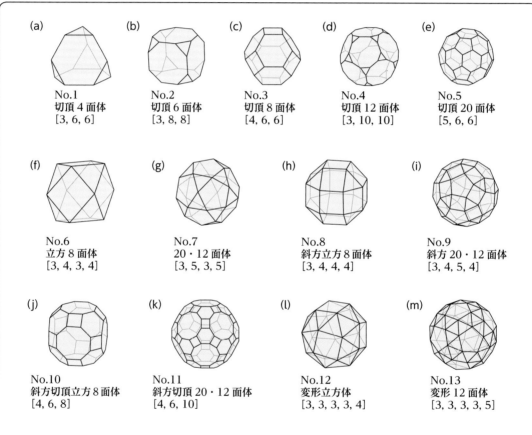

図 2.7　半正多面体（アルキメデスの立体）の外観、切頂 N 面体と呼ばれる５つの立体(a)〜(e)と、8種類の半正多面体(f)〜(m)の呼び名と外観図

(b) 正多面体（プラトンの立体）と半正多面体（アルキメデスの立体）[25]

■ 正多面体

すべての面が同一の正多角形で作られており、すべての頂点において会合する面の数が等しい閉じた多面体は正多面体あるいはプラトンの立体と呼ばれる。正多面体には**図2.6**に示す正4面体、正6面体（立方体）、正8面体、正12面体および正20面体の5つがある。正多面体や後述の半正多面体（**図2.7**）などの凸多面体については、正多面体の面の数F、頂点の数V、辺の数Eの間には下に示すようなオイラーの多面体定理と呼ばれる関係がある。

$$V + F = E + 2 \tag{2.1}$$

5つの正多面体の面数、頂点数をみると、正4面体では同数、正6面体と正8面体および正12面体と正20面体ではこれらが各々入れ替わり、辺数は同じである。これらの正多面体間にも**2.4節**で後述するように自己双対、双対の関係がある。

■ 半正多面体

半正多面体はアルキメデスの立体とも呼ばれ、面が2種類以上の正多角形からなり、1つの頂点に集まる面の組み合わせが、すべての頂点で同じである多面体のことを言う。このような立体は13種類あることが分かっている。これらを**図2.7**に番号、呼び名とともに列挙する。各模型に付した番号は模型の呼び名が専門的であるため付与したもので、本書特別のもので慣用のものではない。[ ]内に並べた数字は頂点を構成する面の正多角形の角数で、例えば、**図2.7**（a）での表示［3, 6, 6］は切頂4面体のすべての頂点が正3角形と正6角形2つからなること、すなわち、［3角形，6角形，6角形］を表す。呼び名の説明は順次記述する。

(c) 正多面体から半正多面体を作る手順

5つの正多面体から13の半正多面体を作る過程は、① 頂点を削る切頂、② 切頂を辺の中央まで行う中央切り、③④ 2重切りや辺を削る削辺、⑤ 捩り切りなどと呼ばれ分類されている。以下、③④の分類・名付けは本稿記述の参考とした文献（25）とは少し異なるが、大略、この文献の分類法に従って製作法を述べる。

半正多面体のうち、**図2.7**（a）～（e）のNo.1～5は、5つの正多面体（**図2.6**）の頂点部分を、各面が正多角形になるまで削り取って作られる。この操作で作られる半正多面体は、その頭に切頂を付けて呼ばれる。以下で簡単にその製作過程を述べる。

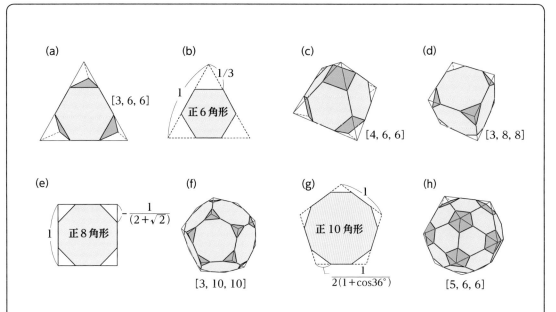

(a) [3, 6, 6]

(b) 1/3　1　正6角形

(c) [4, 6, 6]

(d) [3, 8, 8]

(e) $\dfrac{1}{(2+\sqrt{2})}$　1　正8角形

(f) [3, 10, 10]

(g) 1　正10角形　$\dfrac{1}{2(1+\cos 36°)}$

(h) [5, 6, 6]

図2.8　(a)〜(c)正4面体と正8面体の正3角形の面の頂点部を正6角形になるよう削って切頂4面体と切頂8面体を作成、(d)(e)立方体の正方形の面が正8角形になるよう削った切頂6面体と正8角形、(f)(g)正12面体の正5角形の面が正10角形になるよう削った切頂12面体と正10角形、(h)正20面体の正3角形の面が正5角形になるよう削って作られた切頂20面体

図2.8(a)のように正3角形の面からなる正4面体[**図2.6**(a)]の4つの頂点部分を(中心に向け)削ってゆく。正3角形の面の1辺の長さの1/3を**図2.8**(b)まで削ると面は正6角形になる。この削り取りで、正6角形の面が4つと4つの頂点部に4つの正3角形からなる**図2.7**(a)の切頂4面体(No.1)が作られる。同様に正8面体[**図2.6**(c)]の6つの頂点部分を削ると正6角形の面が8つ、正4角形の面が6つからなる切頂8面体(No.3)を得る。**図2.8**(d)(e)のように立方体の正方形の面を正8角形になるよう削ると、立方体の8つの頂点の下に正3角形が作られ、切頂

6面体(No.2)を得る。

図2.8(f)(h)に示すように正12面体[**図2.6**(d)]の頂点に集まる正5角形の面を正10角形になるよう、また、正20面体[**図2.6**(e)]の正3角形の面を正6角形になるよう頂点部を削ると各々、切頂12面体(No.4)、切頂20面体(No.5)が作られる。切頂20面体は頂点数が60でサッカーボールの形になり、カーボンC60とも呼ばれる。これら5つの半正多面体は正多面体5個の切頂体としてグループⅠとして分類する。

これらの半正多面体は平面充塡の場合と同じように頂点に集まる多角形の面の角数を並

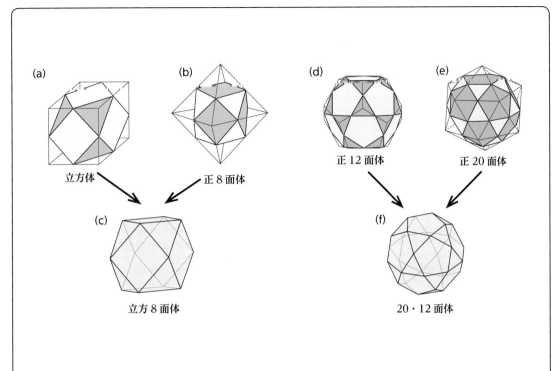

図 2.9　(a) 正 6 面体の中央切り、(b) 正 8 面体の中央切り、(c) 立方 8 面体 (No.6)、(d) 正 12 面体の中央切り、(e) 正 20 面体の中央切り、(f) 20・12 面体 (No.7)

べて呼ばれる。例えば、切頂 4 面体〔図 2.8 (a)〕のすべての頂点は正 3 角形 1 つと、正 6 角形 2 つで作られている。それゆえ、これを [3, 6, 6] と呼ぶ。同様に、図 2.8 (c) (d) (f) (h) を各々順に [4, 6, 6]、[3, 8, 8]、[3, 10, 10]、[5, 6, 6] と呼んでいる。

　次に、削る量を更に大きくし辺の中点まで削る中央切りと呼ばれる場合を考える。立方体を頂点から中点まで削ると図 2.9 (a) に示す形状に、正 8 面体を中点まで削ると図 2.9 (b) のような形状になる。これらの形は同じで、その頂点は正 3 角形 2 個と正方形 2 個の

組み合わせで作られており、双方の名前を残して、立方 8 面体 (No.6) と呼ばれる〔図 2.9 (c)〕。

　正 12 面体を中点まで削ると図 2.9 (d)、正 20 面体を中点まで削ると図 2.9 (e) のような立体になる。これらも同じ形状で 20・12 面体 (No.7) と呼ばれている〔図 2.9 (f)〕。これらは、正 6 面体と正 8 面体、正 12 面体と正 20 面体が互いに双対であることに由来し、これら 2 つの名付けの由縁が良く分かる。これら 2 つを中央切りとしてグループ II とする。

　図 2.10 (a) に示すように、立方体の奥行方

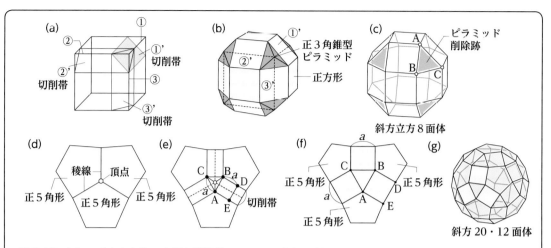

図 2.10　(a) ～ (c)立方体の全辺を削辺後、8つの頂点部を削り斜方立方8面体を作成、(d)正12面体の頂点を作る3面の模式図、(e)稜線部の出っ張りを削辺、幅*a*、(f)頂点部を更に削って斜方20・12面体を作成、(g)斜方20・12面体

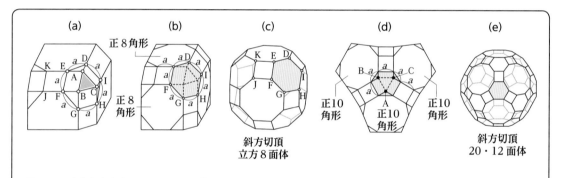

図 2.11　(a)(b)立方8面体の頂点が正6角形になるよう更に切り込み、(c)(d)斜方切頂8面体の模型と斜方切頂20・12面体の正3角形を更に削って正6角形を作成

向の稜線①、左右方向の稜線②と垂直方向の稜線③各々4個を切削帯 (①'～③')を作るよう削ると、立方体の頂点下に正3角錐のピラミッドが作られる〔**図2.10**(b)〕。この3角錐部分を底面まで更に削ると、頂点下に正3角形面が作られる。切削帯の幅を調節することで、稜線部にできる矩形を正方形にすることができ、結果、図2.10(c)に示す斜方立方

8面体(No.8)を得る。

　図2.10(d)は正12面体の頂点を作る正5角形3個を表すもので、**図2.10**(e)のように稜線部を削り幅*a*の切削帯を作ると、正5角形の面が削られ小さくなり、元の正12面体の頂点部に正3角錐が作られる。この3角錐をその底面(⊿ABC)まで削る。この時、**図2.10**(f)に示すように、⊿ABCの3辺に

接するよう正方形ＡＢＤＥを、その外側に正5角形を設けることができる。これが**図2.10**(g) に示す正3角形、正方形、正5角形からなる斜方20・12面体 (No.9) である。これらは稜線を削るため削辺と呼び、本書ではグループⅢとする。

図2.11(a) は立方8面体模型〔**図2.10**(b)〕の切削帯 (①'～③') を引き伸ばしたものである。切削幅 a と同じ長さになるように上面、側面に長さ a の線分 DE、FG と HI を定める。これらの線分が作る正6角形の面 DEFGHI は △ABC の面に平行で、この面まで更に深く削り取る。3つの切削帯上に辺長 a の正方形を3個設け、上面と2つの側面上に正8角形を設けたものが**図2.11**(b) である。同様に8つの頂点部を作ると**図2.11**(c) の斜方切頂立方8面体 (No.10) を得る。

同じように 20・12面体の頂点部を、**図2.10**(f) の △ABC を正6角形になるよう削ると**図2.11**(d) のようになり、**図2.11**(e) に示す斜方切頂20・12面体 (No.11) を得る。

これをグループⅣとする。グループⅢ、Ⅳの命名は文献(25)と少し異なっている。これは製作方法の説明の都合上生じたものである。

以上、11種の半正多面体の成り立ちを述べた。残り2つは捩り形と呼ばれる変形立方体と変形12面体 (No.12、13) である。これらは次節で述べる平面充塡形を用いた模型作りによる説明の方が分かりやすいと考え、詳細はそこに譲る。半正多面体13種の製作過程は**表2.1**のようにまとめられる。

なお、半正多面体の呼び名が著書により異なるものがある。本書が参考にした『正多面体を解く』[(25)]では〝切頂〟が〝切隅〟と表記される。例えば、切頂8面体が切隅8面体である。また、〝斜方〟が〝小菱形〟、〝斜方切頂〟が〝大菱形〟である。すなわち、斜方立方8面体が小菱形立方8面体、斜方切頂立方8面体が大菱形立方8面体となっている。また、半正多面体(アルキメデスの立体)は〝準正多面体〟と表記されている。

表 2.1　半正多面体(アルキメデスの立体)の関連と分類

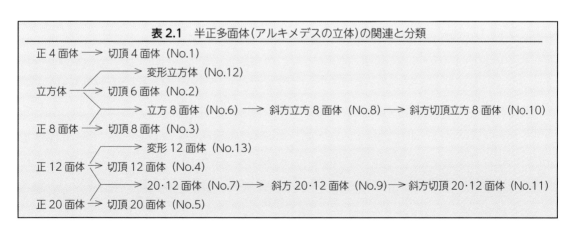

正4面体 ⟶ 切頂4面体 (No.1)

立方体 ⟶ 変形立方体 (No.12)
立方体 ⟶ 切頂6面体 (No.2)
⟶ 立方8面体 (No.6) ⟶ 斜方立方8面体 (No.8) ⟶ 斜方切頂立方8面体 (No.10)
正8面体 ⟶ 切頂8面体 (No.3)

正12面体 ⟶ 変形12面体 (No.13)
正12面体 ⟶ 切頂12面体 (No.4)
⟶ 20・12面体 (No.7) ⟶ 斜方20・12面体 (No.9) ⟶ 斜方切頂20・12面体 (No.11)
正20面体 ⟶ 切頂20面体 (No.5)

2.2　半正多面体の展開図

　5つの正多面体のうち、正5角形からなる正12面体以外の正多面体は正方形や正3角形による正充塡形（**図2.1**）の一部を用いて作られる。ここでは、半正多面体が正充塡形やアルキメデスの充塡形（**図2.2**）と強く関連していることを示すことを目的として、これらの充塡形を直接用いて半正多面体の展開図を作ることを試みる。前節の切頂や削辺法に比べ、半正多面体の成り立ちを折紙の立場からより理解しやすいと考える故である。

（a）正充塡形（正6角形、正方形）を用いた5種の半正多面体の展開図

■ 切頂4面体（No.1）；正6角形による平面充塡形ベース

　図2.12（a）に示すように、正6角形の平面充塡形から、正6角形4個と正6角形の半分4個を用いて展開図を作る。**図2.12**（b）のように正6角形の半分（緑色部）を除去した図形から正3角形を1つだけ用い、残り2つを内部（裏側）に折り込んで糊付けすると、**図2.12**（c）に示す切頂4面体の模型を得る。**図2.12**（d）の展開図で、谷折り線を用いて3角錐を作りこれらを内側に押し込むと、**図2.12**（c）の正3角形の面が凹んだ切頂4面体型の立体が作られる［**図2.12**（e）］。

　逆に、この谷折りを**図2.12**（f）のように山折り線にすると切頂4面体に正3角錐を外付けした形の正4面体になる［**図2.12**（g）］。**図2.12**（h）はこれらをまとめたもので、平面の場合は半正多面体の切頂4面体、外向き角錐の場合には正4面体に、内向き角錐の場合に

は凹の切頂4面体になる。

■ 切頂8面体（No.3）；正6角形による平面充塡形ベース

　図2.13（a）のように正6角形による平面充塡形をベースにし、正6角形8個と正6角形の2/6（緑色部）を除去した要素6個からなる図を展開図とする。**図2.13**（b）に示すように切り取った切断部端を互いに糊付け、あるいは切断部分を糊代にして正4角錐を作る。この4角錐部分を内部に設けると、凹の切頂8面体［**図2.13**（c）］になり、外部に設けると**図2.13**（d）のように正8面体になる。切頂8面体自体はこの4角錐部分を正方形の平面にして作る。ここでは、**図2.13**（e）（f）のように緑色を切り取った後、正方形部分を残し残部を押し込む方法、あるいは**図2.13**（h）（i）のように正方形を直角2等辺3角形2個で置き換える方法を例示する。作られる切頂8面体は各々**図2.13**（g）と**図2.13**（j）のようになる。なお、慣用の展開図は**図2.13**（e）の緑色とピンク色部分を除去したものである。

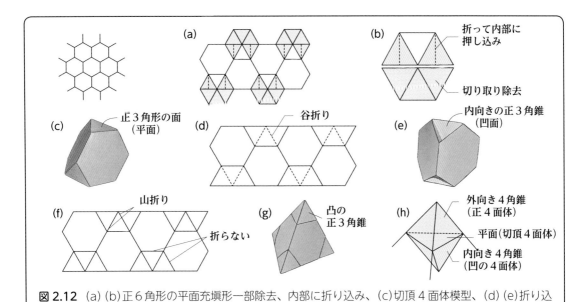

図 2.12 (a)(b)正6角形の平面充塡形一部除去、内部に折り込み、(c)切頂4面体模型、(d)(e)折り込み部を谷折りにして作られる一部凹面の切頂4面体模型、(f)(g)折り込み部を山折り、正4面体、(h)正3角錐を外／内向きに配置の様子

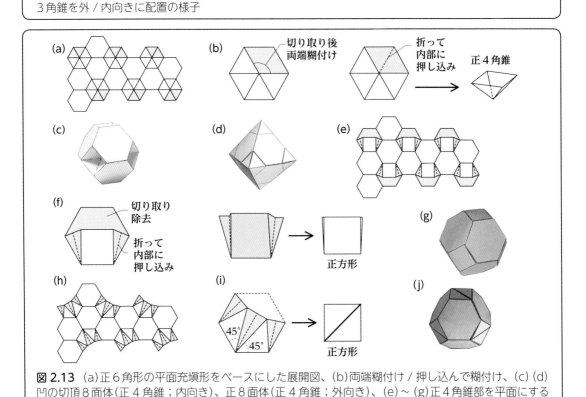

図 2.13 (a)正6角形の平面充塡形をベースにした展開図、(b)両端糊付け／押し込んで糊付け、(c)(d)凹の切頂8面体(正4角錐；内向き)、正8面体(正4角錐；外向き)、(e)〜(g)正4角錐部を平面にする展開図と切頂8面体模型、(h)〜(j)正4角錐部分を平面にする別の展開図と切頂8面体模型

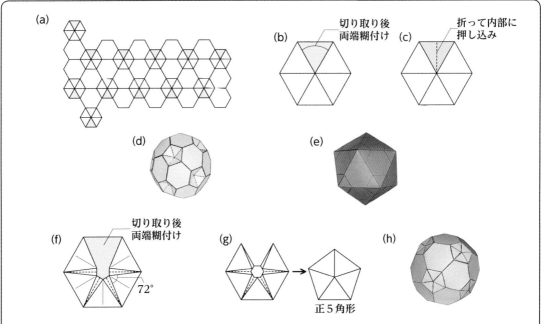

図2.14　(a)正6角形の平面充塡形をベース、(b)切り取り後、糊付け、(c)押し込んで糊付け、(d)頂点部が凹の切頂20面体、(e)正20面体、(f)(g)正5角形を作る展開図とその作成法、(h)切頂20面体（サッカーボール）

切頂20面体（No.5）；正6角形による平面充塡形ベース

　正6角形の平面充塡形を基にして、正6角形20個と正6角形の1/6（緑色部）を切り取った要素を12個設けた**図2.14**(a)を展開図とする。**図2.14**(b)(c)に示すように切り取った部分の両端を糊付け、あるいは切り取り部分を糊代にして正5角錐を作る。この角錐部分を内向きに配置すると、**図2.14**(d)に示す正5角形の面が凹のサッカーボール、**図2.14**(e)のように外向きに配置すると正20面体になる。すなわち、正20面体は**図2.14**(a)のような展開図でも作られる（緑色

部除去）。切頂20面体はこの正5角錐部分を正5角形の平面にしたものである。ここでは**図2.14**(f)(g)のように緑色部を切り取り後、星形の折り線部を設けこの部分を内部に押し込む方法を用いる。**図2.14**(h)に、作られた切頂20面体の模型を示す。緑色部を含む正6角形をすべて正5角形に置き換えたものが展開図として通常用いられている。

立方8面体（No.6）；正方形による平面充塡形ベース

　正方形の充塡形を用いて立方8面体を作る展開図の例を**図2.15**(a)に、その模型を**図2.15**(b)に示す。立方8面体の正3角形の面

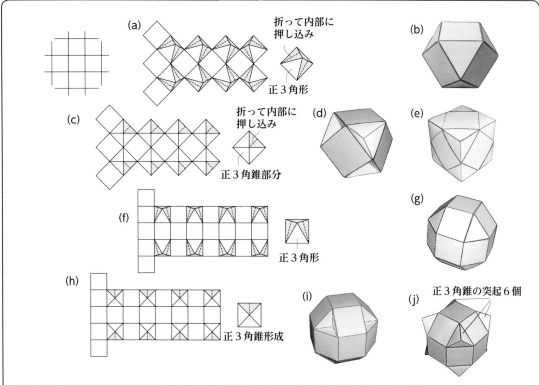

図2.15　正方形の平面充塡形をベース、(a) (b)立方8面体を作る展開図とその模型、(c)〜(e)正3角形部を正3角錐にしたときの展開図と凹の立方8面体(正3角錐内向き)と立方体(正3角錐外向き)、(f) (g)斜方立方8面体の展開図とその模型、(h) 図(g)の正3角形部分を正3角錐にした展開図、(i) (j)凹の斜方立方8面体(正3角錐内向き)と外向き模型(突起状)

を3角錐にしたときの展開図を図2.15(c)に示す。正3角錐部分を内向きに配したときには図2.15(d)に示すように凹面の立方8面体に、外向きに配したときには図2.15(e)のように立方体になる。すなわち、立方体は図2.15(c)のピンク色部を切り取った残部の直角3角形と正方形とを組み合わせた展開図でも作られることが分かる。同じことは、正6角形と正3角形の組み合わせで作られる正20面体[図2.14(e)]でも見られる。

斜方立方8面体（No.8）；正方形による平面充塡形ベース

図2.15(f) (h)は斜方立方8面体の展開図に関するもので、展開図の構成と製作手順は先の模型と同じである。図2.15(g)に斜方立方8面体、図2.15(i)に3角錐部分を内向きに配した凹の斜方立方8面体を示す。3角錐部分を外向きに配した模型は図2.15(j)に示すように3角錐形状で尖ったツノ型の突起として現れる。

(b) アルキメデスの充塡形を基にした 8種類の半正多面体の展開図

　正多角形の充塡形からは半正多面体13種のうち上述の5種が作られた。以下では、アルキメデスの充塡形を用いて残された模型を製作する。

■切頂6面体（No.2）；アルキメデスの平面充塡形（4, 8, 8）ベース

　アルキメデスの充塡形（4, 8, 8）をベースに作った切頂6面体の展開図と模型を**図2.16**(a) ～ (d) に示す。**図2.16**(c) (d) は各々3角形の面が凹の切頂8面体と正3角錐を外向きすることで得た立方体である。切頂6面体の展開図と模型を**図2.16**(e) (f) に示す。立方体が**図2.16**(a)の展開図（ピンク、緑色部除去）でも作られることが分かる。

■斜方切頂立方8面体（No.10）；アルキメデスの平面充塡形（4, 8, 8）ベース

　斜方切頂立方8面体の凹面体、および正6角錐を外向きにして作られたツノ型の突起を持つ立体を作る展開図と模型を**図2.16**(g) ～ (j) に示す。**図2.16**(k) は正6角形を作る展開図で、**図2.16**(l)の両端を糊付けし、5つの3角形部分を押し込み糊付けして正6角形を作り、これで正6角錐部分[**図2.16**(h)]を置き換えると**図2.16**(m) に示す斜方切頂立方8面体の模型を得る。

■20・12面体（No.7）；アルキメデスの平面充塡形（3, 6, 3, 6）ベース

　アルキメデスの充塡形（3, 6, 3, 6）を基にして作った20・12面体の展開図の基本形を**図2.17**(a)に示す。**図2.17**(b)は20・12面

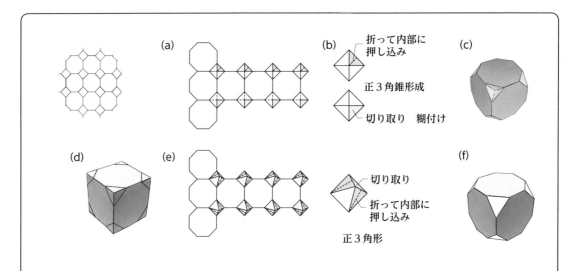

図2.16 アルキメデスの充塡形(4, 8, 8)をベースにした展開図による模型、(a) ～ (f)正3角形の面が凹の切頂8面体、立方体と切頂8面体

体の展開図の正5角形の面を正5角錐に置き換えるためのもので、正6角形の1/6を切り取り、これを用いて正5角錐を作る。この5角錐を内向きに配置すると図2.17(c)の5角形の面が凹の20・12面体に、正5角錐を外向きに配置すると図2.17(d)に示す正

20面体になる。すなわち正20面体は図2.17(a)のような展開図（ピンク色の正3角形部分除去）でも作ることができる。

図2.17(e)を用いて角錐部を平面の正5角形にすると半正多面体20・12面体の展開図になり、製作模型は図2.17(f)のようになる。

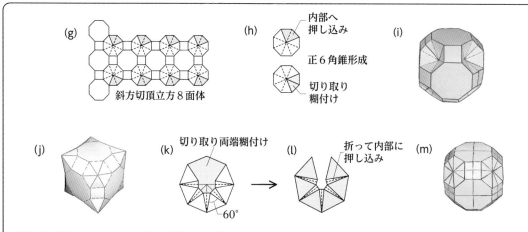

図2.16（続き）(g)〜(m)正6角形の面が凹面の斜方切頂立方8面体、正6角錐の突起が貼り付けられた形の斜方切頂立方8面体、斜方切頂立方8面体と正6角形面の作成法

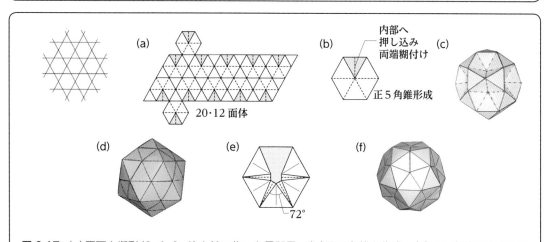

図2.17 (a)平面充填形(3, 6, 3, 6)を基に作った展開図、(b)正5角錐を作成、(c)正5角錐を内向きに配した凹の20・12面体模型、(d)正5角錐を外向きにした凸の模型（正20面体模型）、(e)緑色部切り取り後、正5角形の面に加工、(f)作られた正5角形の面を用いて作った20・12面体模型

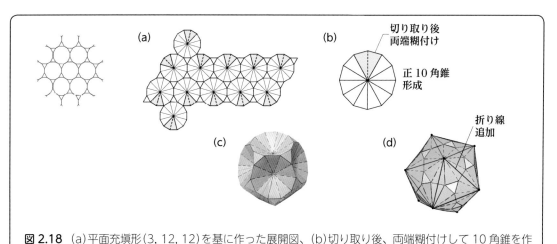

図2.18　(a)平面充填形(3, 12, 12)を基に作った展開図、(b)切り取り後、両端糊付けして10角錐を作成、(c)(d)10角錐を内向きと外向きに配した凹の切頂12面体と正20面体

切頂12面体（No.4）；アルキメデスの平面充填形（3, 12, 12）ベース

アルキメデスの充填形(3, 12, 12)を基に、切頂12面体を作る展開図の基本形を**図2.18**(a)に示す。**図2.18**(b)は、切頂12面体の展開図の正10角形の面を正10角錐に置き換えるためのもので、正12角形の2/12を切り取り、これで正10角錐を作る。この正10角錐を内向きに配したものが**図2.18**(c)に示す正10角形の面が凹んだ切頂12面体、外向きに配したものが**図2.18**(d)の切頂12面体の正10角形の面に正10角錐を貼り付けた模型で、頂点を結ぶ折り線をあらかじめ設けておくと正20面体の形状になる。切頂12面体の模型は正10角形部分を折り込む方法では作りづらいため、**図2.18**(b)の（緑色部を含む）正12角形部分を正10角形に置き換えた通常の展開図を用いる方が簡単である。

斜方20・12面体（No.9）；アルキメデスの平面充填形（3, 4, 6, 4）ベース

アルキメデスの充填形(3, 4, 6, 4)を基に作った斜方20・12面体の展開図を**図2.19**(a)に示す。図の緑色部は切り取り部で、正5角錐、正5角形などの製作は上述してきた製作法と同じである。**図2.19**(b)〜(e)に正5角形の面が凹面、凸面および平面(斜方20・12面体)の模型を各々示す。

斜方切頂20・12面体（No.11）；アルキメデスの平面充填形（4, 6, 12）ベース

アルキメデスの充填形(4, 6, 12)を基に作った斜方切頂20・12面体の展開図の基本形を**図2.20**(a)に示す。**図2.20**(b)のように2/12だけ切除した扇形で正10角錐を作り、これで展開図の正12角形の面を置き換える。角錐を内向きに設けると凹面の斜方切頂20・12面体[**図2.20**(c)]、外向きに配置

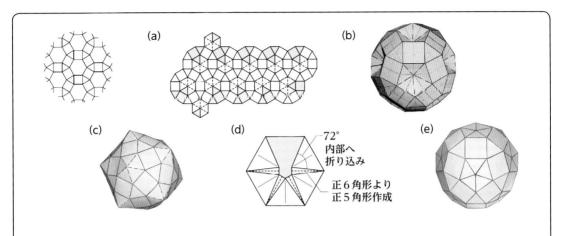

図 2.19 (a)平面充塡形(3, 4, 6, 4)を基に作った展開図、(b) (c)正5角形の面が凹面と凸面の斜方20・12面体模型、(d) (e) 5角錐を正5角形にする図形と斜方20・12面体の模型

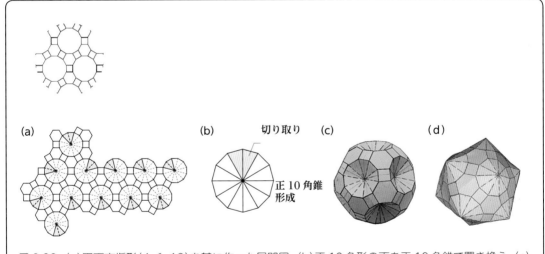

図 2.20 (a)平面充塡形(4, 6, 12)を基に作った展開図、(b)正10角形の面を正10角錐で置き換え、(c)正10角形の面が凹んだ斜方切頂20・12面体、(d) 斜方切頂20・12面体に正10角錐を外向きに付けた突起のある多面体

すると**図 2.20** (d)に示すような尖った多面体になる。斜方切頂20・12面体自体は、通常行われるように**図 2.20**(a)の正12角形部分すべてを正10角形に置き換えて作るのが簡便である。

変形立方体（No.12）；アルキメデスの平面充塡形（3, 3, 4, 3, 4）ベース

　アルキメデスの充塡形(3, 3, 4, 3, 4)をベースにして変形立方体の展開図を作る。正方形の周りに正3角形を配した**図 2.21**(a)の

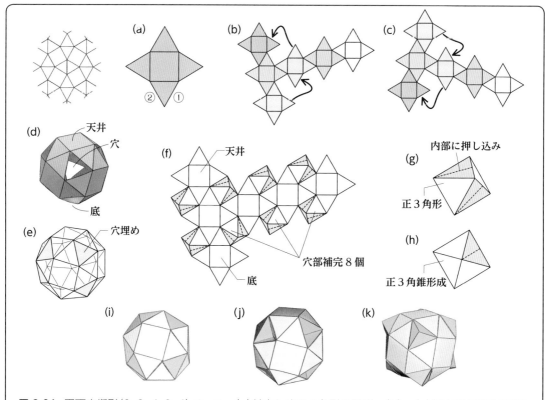

図 2.21　平面充塡形(3, 3, 4, 3, 4)ベース、(a)基本とする4角形の星型、(b)～(e)基本形の接合手順と(b)を用いて作った正3角形の穴のある模型、(f)図(b)を基に穴部を補完した展開図(ピンク、緑色部除去)、(g)(h)補完部の正3角形(g)と正3角錐面(h)の仕様、(i)変形立方体、(j)内向きの正3角錐からなる凹面の変形立方体、(k)正3角錐が外向きの凸面の変形立方体

ような4角形の星型を基本形にし、これを(立方体の面数6を考慮して)6つ用意する。図2.21(a)の星型の下端の左右①②のいずれかを決めて別の星型を貼り付ける。立方体の展開図を作るように4角形の星型を6つ貼り付けると図2.21(b)あるいは(c)のようになる。右に貼り付けた場合の図2.21(b)を矢印のように接合すると、図2.21(d)のような正3角形の穴が(立方体の頂点数に対応する)8つ開いた模型を得る。図2.21(c)のように

左側②に接合する鏡像型も同様の手順で作ることができる。この模型の8つの穴を図2.21(e)のように埋めると変形立方体の模型になる。

上の変形立方体の展開図を示したものが図2.21(f)で、穴部分に現れた正3角形部分は図2.21(g)に示すように正方形の一部を内部に押し込んで作る方法で置き換えている。図2.21(h)は正方形を4分割し、1つを内部に押し込んで正3角錐を作る場合を示す。図

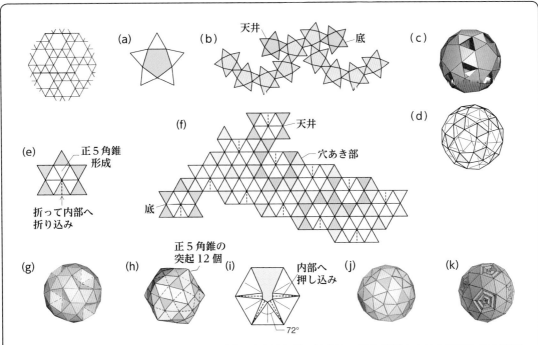

図 2.22　(a)基本とする 5 角形状の星形、(b)～(d)基本形の接合法、正 3 角形の穴付き模型と穴の配置、(e)正 5 角形を正 5 角錐で置き換え、(f)置き換えと 20 個の穴あき部を補完して作られた展開図〔平面充填形(3, 3, 3, 3, 6)型〕、(g)(h)正 5 角形の面が凹の変形 12 面体と正 5 角錐が 12 個外付けされた形の変形 12 面体、(i)(j)正 5 角形の作成図とこれを用いて作られた変形 12 面体の模型、(k)コルゲート面の変形 12 面体模型

2.21 (g)を用いると、**図** 2.21 (i)に示す変形立方体の模型を得る。**図** 2.21 (h)を用いると、正 3 角錐を内向きに配したときには凹面の変形立方体を示す**図** 2.21 (j)、外向きにしたときには 8 方に尖った立体形状の**図** 2.21 (k)が得られる。

■ 変形 12 面体（No.13）；アルキメデスの平面
■ 充填形（3, 3, 3, 3, 6）ベース

　変形 12 面体と呼ばれる立体の展開図と模型をアルキメデスの充填形（3, 3, 3, 3, 6）を基に作る。正 5 角形の周りに正 3 角形を 5 つ配した星型図形〔**図** 2.22 (a)〕を基本にする。これを**図** 2.21 と同じように 12 個貼り付けると**図** 2.22 (b)のようになる。これより、20 個の穴があいた**図** 2.22 (c)に示す模型を得る。**図** 2.22 (d)はこれらの穴を正 3 角形で埋めたもので、正 5 角形周りの 3 角形の配置がよく分かる。

　図 2.22 (b)の星型図形の中央の正 5 角形を**図** 2.22 (e)の正 6 角形を用いて作った正 5 角錐ですべて置き換える。結果、**図** 2.22 (b)は**図** 2.22 (f)のような展開図になる。こ

れは平面充填形 (3, 3, 3, 3, 6) である。この展開図の正6角形の1/6の部分を**図2.22** (e) に示すように内部に押し込んで糊付けすると、**図2.22** (g) の正5角形部分が凹面の変形12面体模型が作られる。逆に、星型部分すべてを外向きにすると**図2.22** (h) の変形12面体の5角形部が5角錐になった立体になる。変形12面体自体の展開図は正6角形部分を**図2.22** (i) の正5角形で置き換えることにより作られ、その模型を**図2.22** (j) に示す。**図2.22** (g) の5角錐の凹面部をコルゲート面にする手法 [**付録1**、**図A1** (p) ～ (r)] を用いて作ると**図2.22** (k) に示す模型を得る。

(c) 平面充填形を用いて半正多面体を作った結果のまとめ

平面充填形と多面体の関連を明らかにする目的で、平面充填形を用いて半正多面体の展開図を作った。結果、半正多面体13種のうち、正充填形から5種、7つのアルキメデスの平面充填形から残り8種が作られることが分かった。 **2.1節** (c) で述べた正多面体の頂点部を削る方法で作られたグループⅠとⅡに属するNo.1～7の半正多面体 [切頂12面体 (No.4) は除く] では、削られる部分が凹面として模型化され、その凹面を外向きに配置すると元の正多面体模型になることが分かった。なお、除外した切頂12面体は、正12面体の正5角形の面からなる頂点部を削って作られるが、正5角形を含む平面充填形がないため、平面充填形 (3, 12, 12) を用いた。そのため、外向きの模型は正12面体ではなく正20面体になっている [**図2.18** (d)]。グループⅢに属する斜方立方8面体と斜方20・12面体、グループⅣに属する斜方切頂立方8面体と斜方切頂20・12面体およびグループⅤに属する2種の変形型の多面体も同様に凹面の模型になるが、それらの外向き模型はすべて突起型になっている。

上で作られた多面体の凹面を作る角錐部分は、次節で述べるようにほぼ平面と見なせるコルゲート面に加工することができる [例えば、**図2.25** (j)、**付録1** 参照]。そのため、幾何学で最も基本の平面充填形を用い、コルゲート折りなどの折紙手法と組み合わせることで、多面体を種々の形に加工して新たな形状の折紙模型を作ることができる。このような模型製作を次節以降で述べる。

2.3 正多角反柱の展開図

平面の正充塡形と7種のアルキメデスの平面充塡形を用いることで13種類すべての半正多面体が作られることを上述した。アルキメデスの充塡形8種のうち**図2.2**(h)に示す充塡形が使用されずに残された。この平面充塡形を用いて作った模型の例を**図2.23**に示す。作られた模型は正多角反柱と呼ばれるもので、これらの模型の頂点は正多角形の上、下面と複数の正3角形からなる側面で構成され

ている。これらは半正多面体の要件を満たすため半正多面体ではあるが、上下面の正多角形の角数が無数にあることから慣例的に除外されている。

古くから知られたこれらの幾何学模型は、コーヒー缶や酎ハイ缶のデザインにも採用されている極めて重要なものである。これらの正多角反柱を積み上げて作られる円筒構造を折り畳み模型と関連させて**3.2節**で述べる。

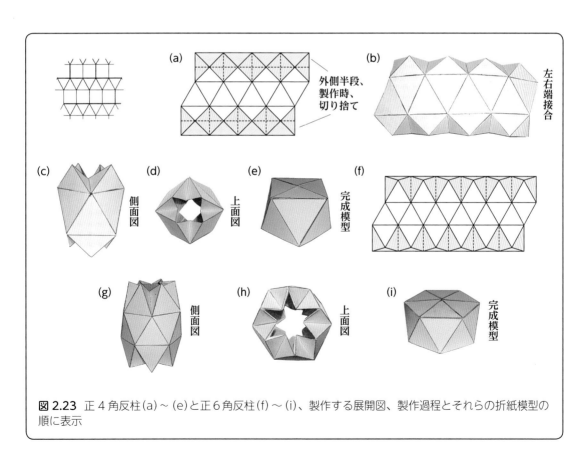

図 2.23 正4角反柱(a)～(e)と正6角反柱(f)～(i)、製作する展開図、製作過程とそれらの折紙模型の順に表示

2.4　正多面体と半正多面体間の相互の関連とそれらの折紙模型：双対折紙（Dual Origami）の提案

　図 2.4 と図 2.5 で述べた平面充塡形での双対と同じように多面体の間にも双対の関係がある。この双対関係を多面体の展開図の変換に適用し、双対折紙と新たに名付けた折紙手法を説明する。また、これを用いた模型製作の例を示す。

(a) 正多面体の双対関係

　5 つの正多面体（図 2.6）の間には、双対と呼ばれる関係がある。図 2.24 (a) に示すように、立方体の 6 つの面の中心を結ぶと頂点を 6 つ持つ正 8 面体が内部に作られる。逆に、図 2.24 (b) のように正 8 面体の面の中心を結ぶと立方体ができる。図 2.24 (c) のように正 12 面体の正 5 角形の面の中心を結ぶと正 20 面体ができ、図 2.24 (d) のように正 20 面体の正 3 角形の面の中心を結ぶと正 12 面体

ができる。正 6 面体と正 8 面体、正 12 面体と正 20 面体をそれぞれ互いに〝対〟の関係とみなして、双対関係にあると言う。また、図 2.24 (e) は正 4 面体の正 3 角形の面の中心を結ぶと小さい正 4 面体ができることを示す。そのため、これを自己双対と言う。

(b) 双対折紙による正多面体の折紙模型の製作

　正多面体の展開図を作る正多角形の内心

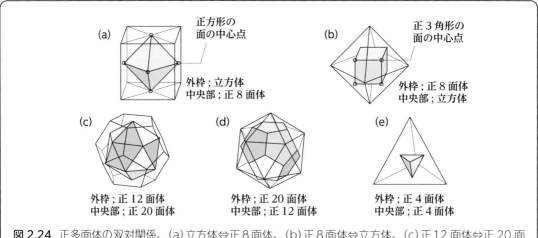

図 2.24　正多面体の双対関係、(a) 立方体⇔正 8 面体、(b) 正 8 面体⇔立方体、(c) 正 12 面体⇔正 20 面体、(d) 正 20 面体⇔正 12 面体、(e) 正 4 面体⇔正 4 面体（自己双対）

（正多角形では内心と中心は一致）を結ぶ線を折り線とする内心連結による双対折紙と名付けた折紙手法を用いる。

▌立方体⇔正8面体の双対関係

最初に、立方体⇔正8面体の双対に関する折紙模型を考える。図2.25（a）の正6面体の展開図の正方形に、内心から4辺に垂直に谷折り線、頂点へ山折り線を図2.25（b）のように描き、これをタイプAの折り線とする。このような折り線を設けた正6面体の展開図は図2.25（c）のようになる。この展開図（元の正方形の4辺がないものとして）を折ると

図2.25（d）の模型が得られる。これは正8面体の全面に直角3角形の錐面からなる正3角錐を8個外付けした形状である。

一方、図2.25（e）のように山、谷折り線をタイプAとは真逆に設けたタイプBの折り線を用いると、正8面体の全面を内向きの正3角錐で置き換えた図2.25（f）の正8面体のスケルトン（骨格）構造を得る。図2.25（g）のように山、谷折り線を交互に複数設けたタイプCの折り線を用いると、展開図は図2.25（h）のようになる。この折り線により、角錐面はジグザグ状に折られて概略平面と見なせ

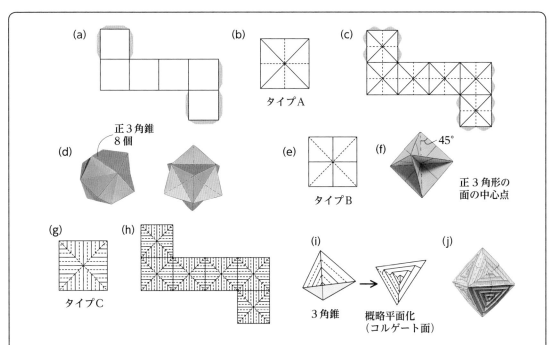

図2.25　(a)立方体の展開図、(b)(c)正方形の内心から頂点へ山折り、辺に垂直に谷折り線を導入（タイプA）、導入後の展開図、(d)正8面体の8面に直角3角形面の3角錐を貼り付け、(e)図(b)と逆の山、谷折り線（タイプB）、(f)タイプBの展開図で作った正8面体のスケルトン模型、(g)(h)山、谷折り線を交互に設けたタイプCの展開図、(i)角錐面のコルゲート化、(j)正8面体のコルゲート模型

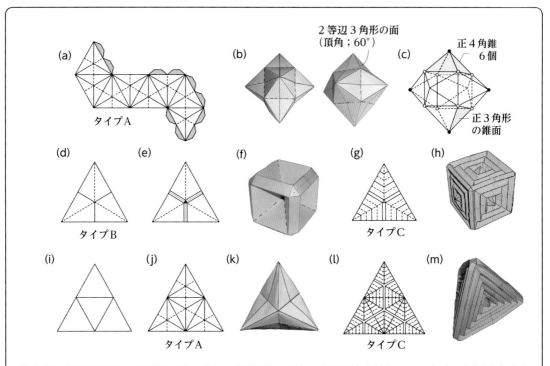

図 2.26　(a)正 8 面体の展開図、辺に垂直の谷折り線、頂点へ山折り線を付与(タイプ A)、(b) (c)立方体の 6 面に 4 角錐を貼り付けた模型、(d)～(f)タイプ B の折り線、折り線に幅を設けた模型、(g) (h)タイプ C の折り線とコルゲート面の模型、(i) (j)正 4 面体の展開図とタイプ A の折り線、(k)～(m)正 4 面体の 4 面に正 3 角錐を貼り付けた模型と角錐部をコルゲート化した正 4 面体模型

るコルゲート面［**図 2.25** (i)］になるから、**図 2.25** (j)のようなコルゲート面の正 8 面体模型を作ることができる。すなわち、正多面体の展開図を作る正多角形面の内心を結ぶ線を折り線にする内心連結による双対折紙によって、立方体の展開図から双対の正 8 面体に関連する種々の折紙模型が作られる(**付録 1** 参照)。

　図 2.26 (a)は正 3 角形の中心から辺に垂直の谷折り線、頂点へ山折り線を引くタイプ A の折り線を設けた正 8 面体の展開図で、こ

れより**図 2.26** (b)に示す折紙模型を得る。これは立方体の 6 面に正 3 角形の錐面からなる正 4 角錐を貼り付けた星型形状である［**図 2.26** (c)］。山、谷折り線を逆にした**図 2.26** (d)のタイプ B の折り線を用いると、**図 2.26** (c)の 4 角錐が高すぎて、6 個すべてを立方体内に配置することができない。それゆえ、**図 2.26** (e)のように、稜線部に幅を持たせて**図 2.26** (f)の模型を作った。山、谷折り線を交互に設けた(微修正した)タイプ C の折り線［**図 2.26** (g)］を用いると**図 2.26** (h)のよ

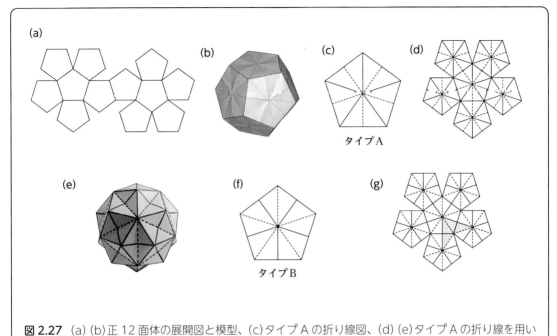

図 2.27 (a) (b)正 12 面体の展開図と模型、(c)タイプ A の折り線図、(d) (e)タイプ A の折り線を用いた正 12 面体の展開図(半分)とその折紙模型、(f)タイプ B の折り線図、(g)タイプ B の折り線入り展開図

うなコルゲート面の立方体を得る。

正 4 面体の自己双対

　図 2.26 (i)の正 4 面体の展開図の正 3 角形要素にタイプ A の折り線[**図 2.26** (j)]を用いると、**図 2.26** (k)の正 4 面体の 4 面に正 3 角錐を貼り付けた形の模型になる。先の例と同様にこの 3 角錐を元の正 4 面体の内部に収納することはできない。タイプ C の折り線にして稜線部にゆとりを持たせた展開図[**図 2.26** (l)]を用いて正 4 面体形状のコルゲート模型を作ったものを**図 2.26** (m)に示す。これより正 4 面体の自己双対性が分かる。

　なお、正多面体のすべての面に、〝正 3 角形〟の錐面からなる角錐を貼り付けた形状は

ダヴィンチの星として知られ、正多面体の数だけ、すなわち 5 種ある。**図 2.26** (b)と(k)は正 3 角形で作られたこの角錐が外付けされているため、これらはダヴィンチの星と呼ぶことができる。

正 12 面体⇔正 20 面体の双対関係

　正 12 面体の代表的な展開図と模型を**図 2.27** (a) (b)に示す。**図 2.27** (c)のように正 12 面体の面にタイプ A の折り線を設ける。この折り線で作った展開図(半分)と模型が**図 2.27** (d) (e)である。山、谷折り線を逆のタイプ B にした**図 2.27** (f)を用いると、**図 2.27** (g)の展開図になる。この展開図の色付けして示した基本の 3 角形は、**図 2.27** (h)に

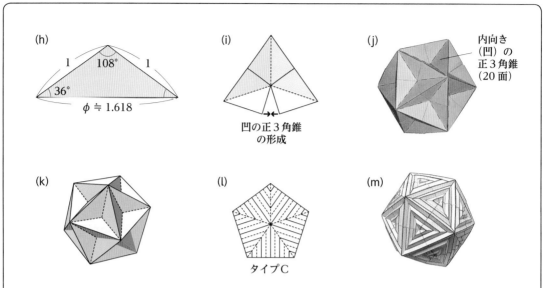

図 2.27（続き）（h）黄金の鈍角２等辺３角形（底辺と等辺長の比；黄金比 φ ≒ 1.618）、（i）黄金の鈍角２等辺３角形３個で作る正３角錐の展開図、（j）凹面の正 20 面体の折紙模型（ケプラーの星型；大 12 面体）、（k）大 12 面体の模式図（同一面；同一色）、（l）コルゲート面を作るタイプＣの折り線図、（m）タイプＣの折線を用いて作られたコルゲート面からなる正 20 面体の折紙模型

示す底辺と等辺の長さが黄金比の、黄金の鈍角２等辺３角形と呼ばれるものである（**付録2**参照）。**図 2.27**（g）の展開図は凹の正３角錐を作る**図 2.27**（i）に示す図形 10 個分からなっている。**図 2.27**（g）を２枚貼り合わせて折ると、**図 2.27**（j）に示す全面凹の正 20 面体を得る。この折紙模型はケプラー・ポアンソの星型正多面体の１つの大 12 面体である。**図 2.27**（k）に模式的に示すようにピンク、黄色、緑色や紺色などの同色面が同一平面上にあり（**章末コラム**参照）、それら（同色面）の外枠の形状は正５角形である。慣用の正 12 面体の展開図に双対折紙を行う容易な手法で、高度なケプラー・ポアンソの星型多面体の折

紙模型を小、中学生が簡単に作ることができるようになったことは特筆すべきことと考える。

図 2.27（f）に換えて、**図 2.27**（l）のタイプＣの折り線を用いると、**図 2.27**（m）のようなコルゲート面からなる正 20 面体を作ることができる。すなわち、正 12 面体の展開図より双対の正 20 面体に関連する模型が作られる。

逆に、**図 2.28**（a）に示す正 20 面体の展開図に**図 2.28**（b）のタイプＡで折り線を配すると**図 2.28**（c）のような折紙模型になる。これは正 12 面体の各面に正３角形の錐面の正５角錐を貼り付けたダヴィンチの星である。

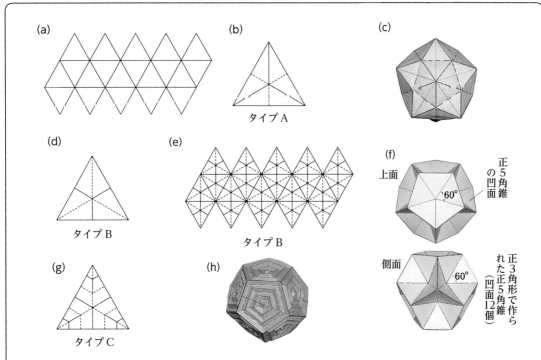

図 2.28　(a)正 20 面体の展開図、(b) (c)タイプ A の折り線図とこの折線で作られた折紙模型、(d)～(f) タイプ B の折り線の正 3 角形とそれを用いた展開図、凹面からなる正 12 面体の折紙模型（大 20 面体の 骨格構造として使用）、(g) (h)タイプ C の折線図とこれにより作られたコルゲート面からなる正 12 面体 の折紙模型

付与する山、谷折り線を逆にした**図 2.28** (d)のタイプ B の折り線を用いると、展開図 は**図 2.28** (e)となり、折紙模型は**図 2.28** (f) に示すような全面が凹の正 5 角錐からなる正 12 面体形状の模型になる。この折紙模型は ケプラーに続いておおよそ 2 世紀後に発見さ れたポアンソの星型正多面体の 1 つの大 20 面体の中心部の骨格になる重要な構造を与え る（**章末コラム**参照）。**図 2.28** (d)に換えて、 **図 2.28** (g)の山、谷折り線を交互に設けるタ イプ C の折り線を正 20 面体の展開図〔**図**

2.28 (a)〕の正 3 角形に用いると**図 2.28** (h) に示すような全面コルゲート面の正 12 面体 が作られる。

なお、上述の正 12 面体の展開図から双対 折紙を用いて作られる全面凹の 20 面体（大 12 面体）には**図 2.47** (b)で示すケプラーの小 星型 12 面体が、正 20 面体の展開図から双対 折紙で作られる全面凹の 12 面体には、**図 1.5** (e)や**図 2.47** (i)で示すケプラーの大星 型 12 面体がスッポリと収納される重要な幾 何模型であることを注記しておきたい。

2.5　内心連結折紙による半正多面体の模型製作

　正多面体の展開図を構成する正多角形を等分に分割し、細分された図形を基本図形とする。基本図形の内心点を結ぶ線分を山折り線、内心点と元の正多角形の頂点を結ぶ線を谷折り線とし、これらの折り線が追加付与された正多面体の展開図を用い新たな多面体を作ることを試みる。山折り線で内心を結ぶことで新たな正多角形を元の展開図上に形成し、元の多面体の頂点部が凹面になるよう谷折り線を設ける。ここでは、立方体、正8面体、正12面体および正20面体等の正多面体の展開図をベースに、一部が凹面の半正多面体および凹面をコルゲート面にした半正多面体の例を示す。このような展開図の作成法は **2.1節** で述べた〝切頂〟や〝削辺〟などの手法を用いて半正多面体を作る幾何学的な手法に換え、これらを折紙的な手法で導出することを目的として考案されたものである。

(a) 立方体の展開図ベース

　図 **2.29** (a)のように、正方形を対角線で4等分して得た直角3角形を(元の)正方形の辺上で2個組み合わせて正方形を作り、それらの内心(白丸点)を定める。新しい内心点は元の正方形のすべての辺の中点にある。これらの内心点を結んだ線を山折り、元の正方形の辺を谷折りとして作った(立方体の)展開図[図 **2.29** (b)]と作られた正3角形の面が全面凹の立方8面体(No.6)の模型を図 **2.29** (c)に示す。この凹面をタイプCの折り線を用いてコルゲート面にした模型を図 **2.29** (d)に示す。

　正方形を鉛直線と水平線で4等分し、それらの内心を結んだ線分を山折り線、内心点と正方形の頂点を結ぶ線分を谷折り線とした図形とこれを用いた展開図を図 **2.29** (e)に、作

られる斜方立方8面体(No.8)の凹面模型とコルゲート面模型を各々図 **2.29** (f) (g)に示す。

　正方形を対角線2本で4等分し、分割して作られた直角3角形の内心を結ぶ線分を山折り線、内心点と正方形の頂点を結ぶ線分を谷折り線として得た図形とそれによる展開図を図 **2.29** (h)に、正6角形の面が凹面とコルゲート面の切頂8面体(No.3)模型を各々図 **2.29** (i) (j)に示す。

　図 **2.29** (k)のように正方形を直角3角形で8等分した3角形の内心を結んだ展開図を用いると、図 **2.29** (l) (m)に示す凹面とコルゲート面の斜方切頂立方8面体(No.10)の模型を得る。またこの直角3角形を2つ合わせた図形の内心を結んだ図 **2.29** (n)の展開図を用いると図 **2.29** (o) (p)の切頂6面体(No.2)の模型になる。

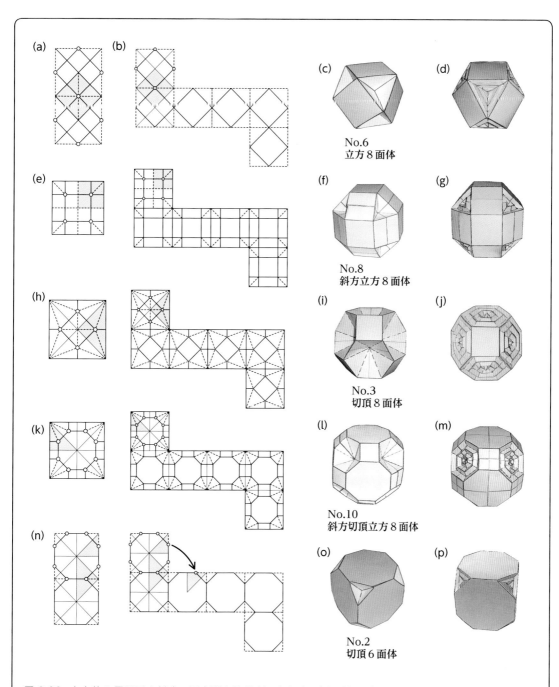

(a)

(b)

(c) No.6 立方8面体

(d)

(e)

(f) No.8 斜方立方8面体

(g)

(h)

(i) No.3 切頂8面体

(j)

(k)

(l) No.10 斜方切頂立方8面体

(m)

(n)

(o) No.2 切頂6面体

(p)

図2.29 立方体の展開図を基本、正方形を等分割、内心点と折り線の付与、凹面とコルゲート面模型の製作、(a)〜(d)立方8面体(No.6)、(e)〜(g)斜方立方8面体(No.8)、(h)〜(j)切頂8面体(No.3)、(k)〜(m)斜方切頂立方8面体(No.10)、(n)〜(p)切頂6面体(No.2)

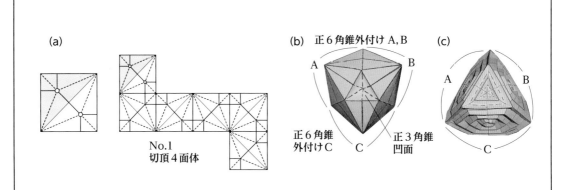

(a)

(b) 正6角錐外付け A, B

A　　　　　B

C

正6角錐
外付けC

正3角錐
凹面

No.1
切頂4面体

(c)

A　　　　　B

C

図2.30　立方体の展開図をベースに切頂4面体を作成、(a)正方形を対角線で2等分し、内心点(白丸)を定め展開図を作成、(b)正3角錐4個内向き配置、正6角錐4個外向き配置、(c) A、B、Cの角錐部のすべてをコルゲート面で概略平面化した切頂4面体(No. 1)

　図2.30(a)のように正方形を対角線で2等分して得た直角3角形の内心を結ぶと、正3角錐4個と正6角錐4個を切頂4面体の8面に貼り付けた立体の展開図になる。これらすべての角錐面を凹面にすると、凹面が大きいため立体内部に収めることはできない。図2.30(b)は正3角錐の部分だけを内部に押し込む形で配置し、正6角錐部分4個を外付けしたものである。すべての面をタイプCの折り線にすると、全面コルゲート面からなる切頂4面体の(No.1)模型が作られる〔図2.30(c)〕。

(b) 正8面体の展開図ベース

　立方体の場合と同じように正3角形を等分割した基本図形の内心を定め、これらを連結して折り線図とする。図2.31(a)は正3角形を3分割し、2個を辺上で接合して得られる菱形の内心を結んだ図形、図2.31(d)(g)は異なる形で正3角形を3等分して得た展開図である。また、図2.31(j)は6等分して得た図、図2.31(m)は6等分して得た直角3角形を2つ辺上で接合した2等辺3角形を基本図形にして得た展開図である。

　上記の種々の分割により作られる模型は図2.30と同じ半正多面体〔上から順に、立方8面体(No.6)、斜方立方8面体(No.8)、切頂6面体(No.2)、斜方切頂立方8面体(No.10)、切頂8面体(No.3)〕であるが、凹面になる面が異なっている。また、凹面部をタイプCの折り線でコルゲート面にした折紙模型を各々示す。

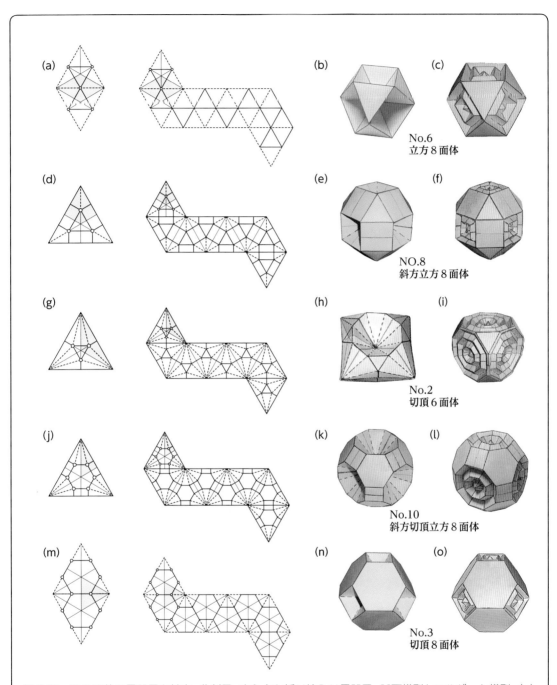

図 2.31 正 8 面体の展開図を基本、分割図、内心点と折り線入り展開図、凹面模型とコルゲート模型、(a)〜(c)立方 8 面体、(d)〜(f)斜方立方 8 面体、(g)〜(i)切頂 6 面体〔図(h)は 8 角錐部 6 個すべて内向きに配置不可のため、2 個分のみ内向きに〕、(j)〜(l)斜方切頂立方 8 面体、(m)〜(o)切頂 8 面体

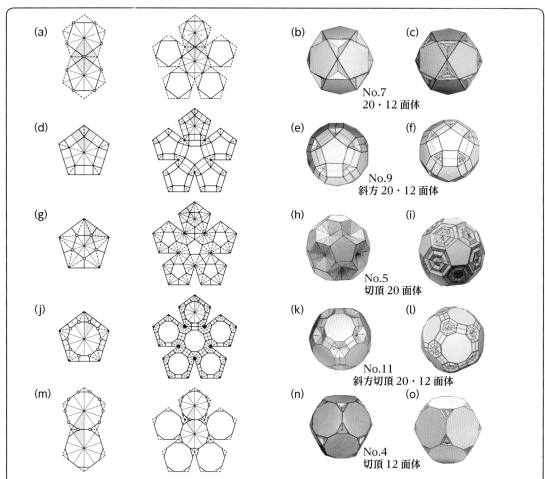

(a)

(b) No.7
20・12面体

(c)

(d)

(e) No.9
斜方20・12面体

(f)

(g)

(h) No.5
切頂20面体

(i)

(j)

(k) No.11
斜方切頂20・12面体

(l)

(m)

(n) No.4
切頂12面体

(o)

図2.32 正12面体の展開図を基本、分割法と基本図形、内心点と折り線入り展開図、凹面模型とコルゲート模型、(a)〜(c) 20・12面体、(d)〜(f)斜方20・12面体、(g)〜(i)切頂20面体、(j)〜(l)斜方切頂20・12面体、(m)〜(o)切頂12面体

(c) 正12面体の展開図ベース

正5角形を等分割して得た図形の内心点を連結して折り線図とする。**図2.32**(a)は正5角形を中心より描いた放射線で5等分後、辺上で2個を接合して得た菱形の内心を結んで得た展開図である。**図2.32**(d)(g)は凧形と2等辺3角形で各々5等分したものを基本図

とし、その内心を結んだものである。**図2.32**(j)は10等分した図形を、**図2.32**(m)は10等分した図形を辺上で接合したものを基本図形にしている。これら5種類の分割による展開図で作られる半正多面体の凹面模型とコルゲート面の模型は、20・12面体、斜方20・12面体、切頂20面体、斜方切頂20・12面

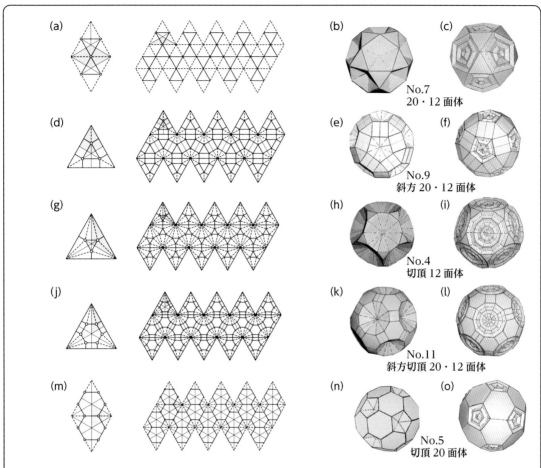

図 2.33 正 20 面体の展開図を基本、分割法と基本図形、内心点と折り線入り展開図、凹面模型とコルゲート模型、(a)～(c) 20・12 面体、(d)～(f)斜方 20・12 面体、(g)～(i)切頂 12 面体、(j)～(l)斜方切頂 20・12 面体、(m)～(o)切頂 20 面体

体、切頂 12 面体である。

(d) 正 20 面体の展開図ベース

　本節(b)で示した正 8 面体の場合と全く同様に正 3 角形を分割したものを基本図形として、正 20 面体の展開図の正 3 角形にも用いる。この展開図と模型を**図 2.33** に示す。こ

れらの展開図で作られる半正多面体の凹面模型とコルゲート模型は上から、20・12 面体、斜方 20・12 面体、切頂 12 面体、斜方切頂 20・12 面体、切頂 20 面体の 5 種類である。双対関係より正 12 面体の展開図をベースにしたものと基本構造が同じものになるが、正 12 面体ベースのものとは凹面の場所が異なる。

（e）立方体と正12面体の展開図をベースにした変形立方体と変形12面体の展開図とその模型

前節（a）〜（d）では展開図を構成する正多角形を等分割し、分割後の図形の内心を結ぶ方法で13種の半正多面体のうち11種の展開図を作った。ここでは残された変形立方体と変形12面体を、立方体と正12面体の展開図をベースに作図する方法を述べる。

図2.21で述べたように、変形立方体の展開図は正方形の4辺に正3角形を貼り付けた形を基本図形にして作られた。この基本図形2つを正3角形の辺でつなぐと、図2.34（a）に示すように2つの正方形（ABCDとHIJK、中心EとF）の間に、正3角形2個からなる平行4辺形が作られる。線分EFの中点GでEFに垂直な線分LMを引く。同じ作図を正方形ABCDの4辺について行うと、この正方形の外側に大きな正方形LMNPが作られる。この部分を取り出し［図2.34（b）］、正方形LMNP内部の折り線を示すと図2.34（c）となる。ここでは、正3角形の辺の部分を山折り、内側の正方形の頂点と外側のそれらを結ぶ線を谷折り線としている。この正方形で立方体の展開図を作ると図2.34（d）となり、これより図2.34（e）の正3角形の面の一部が凹面になった変形立方体の折紙模型が作られる。なお、上で定めた内部の正方形の頂点A〜Dは図2.34（f）に示すように配置した角度30°と60°からなる4個の直角3角形の内

心点でもある。

図2.34（g）に示すように、変形12面体の場合は2つの正5角形の間に正3角形2個からなる平行4辺形を配置した形になる。2つの正5角形の中心をFとG、その中点をHとする。点Hで線分FGを垂直に横切る線分IJを引く。同じ操作をこの正5角形まわりの残り4辺についても行うと、正5角形の外側に大きな正5角形IJKLMが作られる［図2.34（h）］。ここで、正3角形の辺の部分を山折り線、内側の正5角形の頂点と外側のそれらを結ぶ線を谷折り線とした。この正5角形で正12面体の展開図（半分）を作ると図2.34（i）となり、これを2個用いることにより正3角形の面の一部が凹の変形12面体の折紙模型［図2.34（j）］が作られる。

変形立方体の図2.34（f）に倣って、正5角形を分割し内心連結による双対折紙の手法で展開図の作成が可能か否かを調べる。正5角形の対角線を結んで黄金の鋭角2等辺3角形（頂角 $\alpha = 36°$、底角 $\beta = 72°$）を5つ配置し、これらの内心点（白丸）を結んで小さな正5角形を作図すると図2.34（k）となる。図2.34（l）は外側の正5角形を2つ配置し、隣り合う内心点を結んだものである。図2.34（m）はこの図の連結部の3角形2つからなる平行4辺形を示したものである。この平行4辺形の寸法を算出すると、$a = 1$ のとき、$b = c ≒ 0.945$ となる。すなわち、これら2つの3角形は厳密には正3角形にはならない。

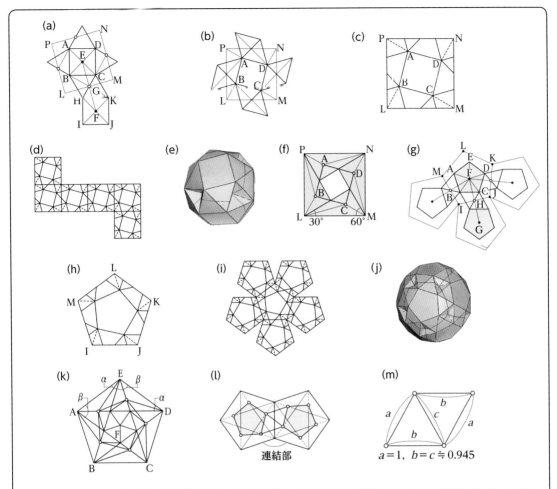

図 2.34 変形立方体の展開図と模型製作、(a) 正方形の 4 辺に正 3 角形を貼り付けた図形の接合、(b) (c) 大きな正方形の取り出しと折り線の導入、(d) (e) 折り線入りの正方形の展開図とその折紙模型、(f) 内心を定めるための正方形の分割と配置法、(g) 正 5 角形の 5 辺に正 3 角形を貼り付け後接合、(h) ～ (j) 折り線入りの正 5 角形、展開図の半分と模型、(k) ～ (m) 内心点を求めるための正 5 角形の分割図と内心 (白丸)、連結部の様子と寸法指定

結果、(残念なことに) 黄金の鋭角 2 等辺 3 角形の内心を結んで作られる**図 2.34** (k) を用いた展開図を用いると、作られる模型は変形 12 面体の近似体になる。

なお、定規とコンパスで作られる上述の幾何学的な手法から逸脱するが、上記の黄金の鋭角 2 等辺 3 角形に換えて、**図 2.34** (k) で $\alpha \doteqdot 34.86°$、$\beta \doteqdot 73.14°$ ($\alpha + \beta = 108°$；正 5 角形の内角) とした不等辺 3 角形を用い、その内心点を結ぶことにより、**図 2.34** (h) と同じ (正確な寸法の模型を与える) 展開図が作られることを付記しておく。

2.6　半正多面体とその双対体（カタランの立体）の折紙模型の製作：双対折紙による相互変換

正多面体の双対関係の延長として、半正多面体の双対のカタランの立体と呼ばれる多面体の折紙模型を双対折紙の手法を用いて作る。これは、**図2.5**に示したアルキメデスの平面充填形とその双対形の関係を3次元の立体の問題に拡張したものである。

図2.7に示した13種の半正多面体に対応する双対多面体の名称と形状を**表2.2**と**図2.35**に示す。それらは**表2.1**で示したアルキメデスの立体の分類に準拠し、以下の5つに大別される。

① **図2.7**のNo.1～5の切頂多面体に対応する双対多面体で、○方○面体と呼ばれるもの5種

② 中点まで削って作られた立方8面体

（No.6）と20・12面体（No.7）を基にする菱形12面体と菱形30面体

③④ 二重切りや削辺法で得た4つの半正多面体、すなわち斜方立方8面体（No.8）と斜方20・12面体（No.9）に対応する2つの凧形多面体、および斜方切頂立方8面体（No.10）、斜方切頂20・12面体（No.11）に対応する6方8面体および6方20面体

⑤ 変形立方体（No.12）、変形12面体

表2.2　半正多面体およびその双対多面体（カタランの立体）とそれらの面の形状

半正多面体名		対応する双対体名（要素の形）	
No.1	切頂4面体 [3, 6, 6]	3方4面体	（不等辺3角形）
No.2	切頂6面体 [3, 8, 8]	3方8面体	（不等辺3角形）
No.3	切頂8面体 [4, 6, 6]	4方6面体	（不等辺3角形）
No.4	切頂12面体 [3, 10, 10]	3方20面体	（不等辺3角形）
No.5	切頂20面体 [5, 6, 6]	5方12面体	（不等辺3角形）
No.6	立方8面体 [3, 4, 3, 4]	菱形12面体	（菱形 対角線長比；1.414）
No.7	20・12面体 [3, 5, 3, 5]	菱形30面体	（菱形 対角線長比；1.618）
No.8	斜方立方8面体 [3, 4, 4, 4]	凧形24面体	（凧形）
No.9	斜方20・12面体 [3, 4, 5, 4]	凧形60面体	（凧形）
No.10	斜方切頂立方8面体 [4, 6, 8]	6方8面体	（不等辺3角形）
No.11	斜方切頂20・12面体 [4, 6, 10]	6方20面体	（不等辺3角形）
No.12	変形立方体 [3, 3, 3, 3, 4]	5角24面体	（5角形）
No.13	変形12面体 [3, 3, 3, 3, 5]	5角60面体	（5角形）

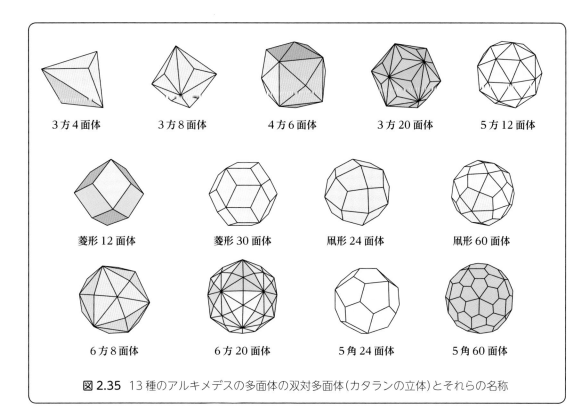

図2.35 13種のアルキメデスの多面体の双対多面体（カタランの立体）とそれらの名称

3方4面体　3方8面体　4方6面体　3方20面体　5方12面体

菱形12面体　菱形30面体　凧形24面体　凧形60面体

6方8面体　6方20面体　5角24面体　5角60面体

（No.13）に対応する5角24面体と5角60面体

上述した半正多面体とその双対のカタランの立体[25]の代表的な模型について以下で述べる。

(a) 切頂8面体（No.3）⇔4方6面体の相互変換

図2.36(a)に示す切頂8面体の展開図の正4、6角形すべてに**図2.36**(b)のようにタイプBで山、谷折り線を描き（折ることなく）、模型を作ると**図2.36**(c)のようになる。折り

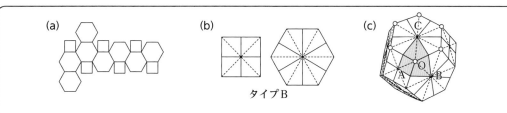

(a)　(b)　タイプB　(c)

図2.36　(a)(b)切頂8面体の展開図とタイプBの折り線図、(c)山、谷折り線を描いた切頂8面体の外観、A〜C: 面の内心、O: 頂点

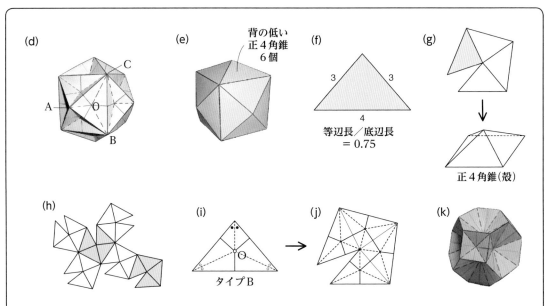

図 2.36（続き）（d）全面凹の４方６面体（カタランの立体）の模型、（e）〜（h）４方６面体の外観、基本要素の形状と４角錐面の製作、全展開図、（i）内心から折り線を配置（タイプB）、（j）折り線図４個を接合、（k）全面凹の切頂８面体模型

線 AB、BC、CA を山折りにして、切頂８面体の白丸で示した頂点部 O を内部に押し込むように折る。これを 24 個の頂点すべてで行うと**図 2.36**（d）のような３角錐（頂点 O）が内向きに配置された全面凹の多面体になり、この多面体の稜線が作る外枠は４方６面体〔**図 2.36**（e）〕と呼ばれるカタランの立体の形状になる*。

　上述した４方６面体は**図 2.36**（e）で分かるように正４角錐を立方体の６面に貼り付けた形状である。この４角錐は等辺と底辺長の比が 3/4 の２等辺３角形〔**図 2.36**（f）〕４個からなる**図 2.36**（g）に示す展開図で作られることが分かっている[(25)]。この４角錐を６個つな

いだ**図 2.36**（h）が４方６面体の展開図となる。双対折紙を行うため、この立体の展開図の基本図形〔**図 2.36**（f）〕に**図 2.36**（i）のように内心を O としてタイプ B の折り線を設け４個貼り合わせると、**図 2.36**（j）を得る。このような折り線を付与して展開図（h）を作ると、**図 2.36**（k）に示す全面凹の（双対の）切頂８面体模型となる。

　正多面体の内心連結による双対折紙と同様に、半正多面体の展開図を用いタイプ B の折り線で双対折紙を行うと、対応する双対のカタランの立体の全面凹の多面体が作られる。逆に、カタランの立体の展開図でタイプ B の折り線で双対折紙を行うと、全面凹の双対の

　　　　　* 厳密には小さな誤差を伴う近似体である。近似度合は本項 p.58 で議論

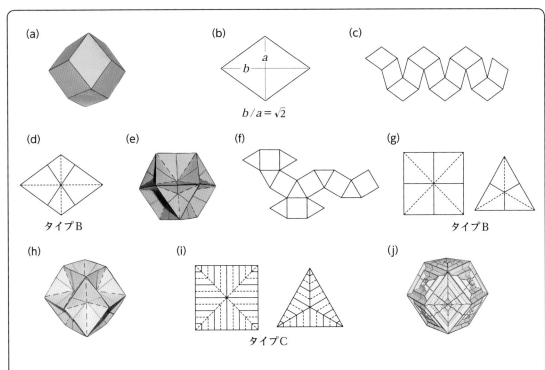

図2.37 （a）～（c）菱形12面体の模型、面形状と展開図、（d）タイプBの折り線、（e）全面凹の立方8面体、（f）（g）立方8面体の展開図とタイプBの折り線図、（h）全面凹の菱形12面体、（i）（j）タイプCの折り線と全面コルゲート面の菱形12面体模型

半正多面体を得る。

（b）立方8面体（No.6）⇔ 菱形12面体の相互変換

上とは逆に、カタラン体の菱形12面体から半正多面体の（全面凹の）立方8面体を作る。菱形12面体〔**図2.37**（a）〕は後の**図2.48**で述べるように単独で空間を充塡できる幾何学的に重要な立体である。その展開図は**図2.37**（b）に示すように対角線長が白銀比（$\sqrt{2} \fallingdotseq$ 1.414）の菱形12面からなる〔**図2.37**（c）〕。**図2.37**（d）のように、菱形の内心より4辺

に垂直の山折り線、頂点に谷折り線を設け（タイプB）、この菱形を**図2.37**（c）に用いると、**図2.37**（e）に示す双対の立方8面体の全面凹の模型を得る。

逆に、立方8面体の展開図〔**図2.37**（f）〕の正方形と正3角形を**図2.37**（g）に示したタイプBの折り線で置き換えると、**図2.37**（h）に示す全面凹の菱形12面体の模型を得る。**図2.37**（i）に示したタイプCの折り線で置き換えると、**図2.37**（j）に示す全面コルゲート面からなる菱形12面体の模型を作ることができる。

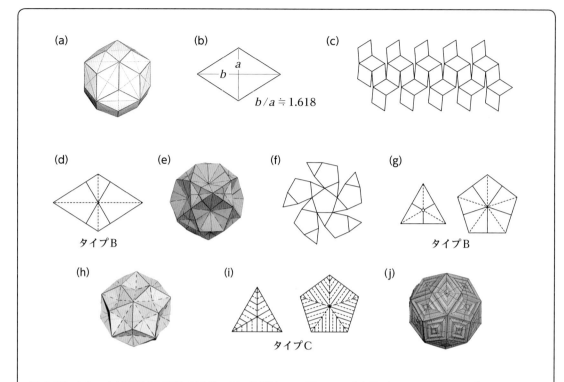

図 2.38　(a)～(c)菱形 30 面体の形状、面の形状とその展開図、(d)菱形の内心よりタイプ B の折り線、(e)全面凹の 20・12 面体の模型、(f) 20・12 面体の展開図(半分)、(g)正 3、5 角形要素にタイプ B の折り線、(h)全面凹の菱形 30 面体の模型、(i) (j)タイプ C の折り線とコルゲート面の菱形 30 面体模型

(c) 20・12 面体（No.7）⇔ 菱形 30 面体の相互変換

　図 2.38 (a)に示す菱形 30 面体は対角線が黄金比（約 1.618）の菱形 [図 2.38 (b)] 30 面からなる。代表的な展開図を図 2.38 (c)に示す。図 2.38 (d)のように、この菱形の内心を定めタイプ B の折り線を設ける。この折り線図が描かれた菱形を図 2.38 (c)の展開図に用いると、図 2.38 (e)の全面凹の 20・12 面体の折紙模型を得る。

　逆に、図 2.38 (f)に示した 20・12 面体の

展開図(半分のみ表示)の正 5 角形と正 3 角形を図 2.38 (g)のタイプ B の折り線を設けて折ると図 2.38 (h)に示した全面凹の菱形 30 面体の折紙模型になる。図 2.38 (g)に替えて図 2.38 (i)のタイプ C の折り線を設けて折ると、図 2.38 (j)に示した全面コルゲート面からなる菱形 30 面体の模型を得る。

(d) 切頂 20 面体（No.5）⇔ 5 方 12 面体の相互変換

　5 方 12 面体の基本要素は図 2.39 (a)に示

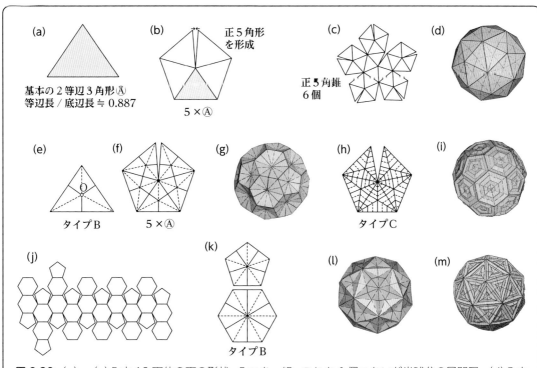

図 2.39　(a) ～ (c) 5 方 12 面体の面の形状、5 つを一組、これを 6 個つないだ半球分の展開図、(d) 5 方 12 面体模型、(e) (f) 5 方 12 面体のタイプ B の折り線図、(g)凹面の切頂 20 面体模型、(h) (i)折り線図とコルゲート面の切頂 20 面体、(j) (k)切頂 20 面体の展開図とタイプ B の折り線図、(l) (m)全面が凹およびコルゲート面の 5 方 12 面体模型

す等辺長と底辺長の比が約 0.887 の 2 等辺 3 角形（Ⓐとする）からなる[25]。これを 5 つ用いて正 5 角錐の展開図を作る〔図 2.39 (b)〕。この正 5 角錐の底面を正 5 角形と見て、正 12 面体の展開図を作る要領でこの図を配置すると図 2.39 (c)を得る。これを展開図の半分とし、2 個用いて作った 5 方 12 面体の模型を図 2.39 (d)に示す。

　図 2.39 (e)のように基本の 2 等辺 3 角形Ⓐの内心 O を定め、タイプ B の折り線を設けたものが図 2.39 (e) (f)である。図 2.39

(f)の折り線で図 2.39 (c)を作り、これを 2 つ用いて正 12 面体を作るように接合して折ると図 2.39 (g)の凹面の切頂 20 面体を得る。図 2.39 (f)に換え図 2.39 (h)のタイプ C の折り線を用いると図 2.39 (i)に示すコルゲート面の切頂 20 面体（サッカーボール）が作られる。逆に、図 2.39 (j)の切頂 20 面体の展開図の正 5 角形と正 6 角形に図 2.39 (k)に示すタイプ B の折り線を付与すると図 2.39 (l)の全面凹の 5 方 12 面体、これをコルゲート面にした図 2.39 (m)の模型を得る。

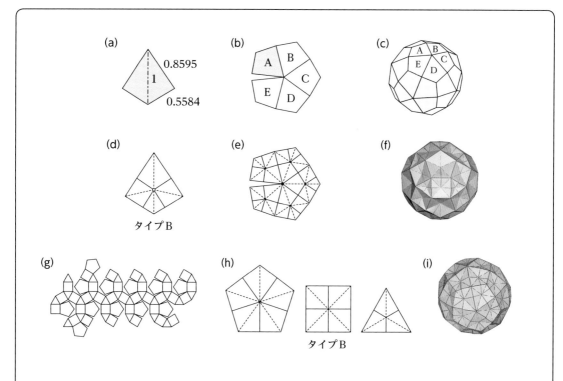

図 2.40 (a)〜(c) 凧形 60 面体の基本面形状、5 個つないだパーツ、凧形 60 面体、(d) (e) タイプ B の折り線の凧形と展開図を作るパーツ、(f) 全面凹の斜方 20・12 面体模型、(g)〜(i) 斜方 20・12 面体の展開図、タイプ B の折り線、凹面の凧形 60 面体模型

(e) 斜方 20・12 面体（No.9）⇔ 凧形 60 面体の相互変換

　斜方 20・12 面体の双対形の凧形 60 面体の模型を作る。基本となる凧形は**図 2.40** (a) に示す寸法比の不等辺 3 角形を対称に貼り合わせた形状である。これを**図 2.40** (b) に示すように 5 個つなぎ、つないだものを正 12 面体を作るように 12 個貼り合わせると、**図 2.40** (c) のような凧形 60 面体が作られる。凧形の内心を定め、ここから 4 辺に垂直に山折り線、頂点に谷折り線を 4 本ずつ設けタイ

プ B 型にすると**図 2.40** (d) を得る。5 個用いて**図 2.40** (e) のパーツを作った後、これで正 5 角錐を作り、これを 12 個用いて正 12 面体を作るようにつなぐと**図 2.40** (f) に示す、全面が凹の斜方 20・12 面体が作られる。逆に、**図 2.40** (g) に示す斜方 20・12 面体の展開図を用いて全面が凹の凧形 60 面体を作る。この展開図の正 5、4、3 角形を**図 2.40** (h) のようなタイプ B の折り線を設けたものに置き換えて折ると、**図 2.40** (i) のすべての面が凹の凧形 60 面体を得る。

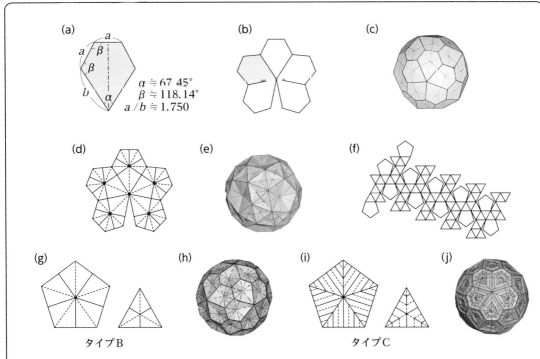

図 2.41 (a) ～ (c)基本の 5 角形の形状、5 個つないだ展開図のパーツ、パーツ 12 個で作られる 5 角 60 面体、(d)タイプ B の折り線を設定、(e)全面が凹の変形 12 面体、(f)変形 12 面体の展開図、(g) (h)正 3、5 角形にタイプ B の折り線を設定、この折り線で製作された全面凹の 5 角 60 面体、(i) (j)タイプ C の折り線と製作されたコルゲート面の 5 角 60 面体模型

(f) 変形 12 面体（No.13）⇔ 5 角 60 面体の相互変換

5 角 60 面体の基本となる 5 角形の面は**図 2.41** (a) に示すような対称形状である。**図 2.41** (b) のように 5 個つないで 5 角錐を作るパーツを作り、これを正 12 面体を作るように 12 個のパーツをつなぐと**図 2.41** (c) のような 5 角 60 面体の模型を得る。

図 2.41 (a) の 5 角形に定めた内心点より、タイプ B の折り線（辺に垂直に山折り、頂点へ谷折り線）を設ける。これを 5 個つないだ

ものが**図 2.41** (d)で、この図を 12 個貼り合わせて展開図とすると、**図 2.41** (e) の双対の（全面が凹の）変形 12 面体の模型を得る。逆に、**図 2.41** (f) に示す変形 12 面体の展開図の正 3 角形と 5 角形を、**図 2.41** (g) に示すタイプ B の山、谷折り線で置き換えた後これを折ると、**図 2.41** (h) に示す全面凹の 5 角 60 面体の折紙模型が作られる。**図 2.41** (f) の展開図に**図 2.41** (i) のタイプ C の折り線を用いると**図 2.41** (j) に示す全面がコルゲート面の 5 角 60 面体を作ることができる。

（g）双対折紙で製作されるカタランの立体模型の形状誤差の評価

半正多面体から双対のカタランの立体、およびその逆のプロセスで折紙模型を作る方法を述べた。前者の場合、厳密にはその形状に少し誤差を伴う問題がある。最初、誤差が生じない立方8面体（No.6）→菱形12面体および20・12面体（No.7）→菱形30面体の変換について述べ、次に誤差を伴う例として切頂8面体（No.3）→4方6面体と切頂20面体（No.5）→5方12面体の変換の2つを代表例にして、生じる誤差の量を評価する。

図2.42(a)は立方8面体の外観である。凹の菱形12面体は図中の線分AB、BC、CD、DAを山折り線にして、頂点O部分を内部に押し込む形で作られた。**図2.42**(b)に示す展開図上では頂点O周りには正3角形と正方形が交互に配置されていることが分かる。このため、線分AB、BC、CDと接合部のDF＋EAの長さが等しくなり、作られる菱形12面体の稜線寸法に誤差は生じない。これは正多角形の組み合わせが異なる20・12面体を基にし、菱形30面体へ変換する場合も同様である〔**図2.42**(c)〕。

次に、誤差を伴う切頂8面体→4方6面体の場合を述べる。**図2.36**で述べたように、**図2.42**(d)の点A－B－Cを結ぶ線分が4方6面体の一面を作る。**図2.42**(e)にこの部分を展開図で示す。正方形と正6角形で作られるこの展開図上の線分ABとBCの比を算出すると、図の右に示すように0.789になる。すなわち、作られる模型は4方6面体〔**図2.36**(e)〕の基本寸法比0.75より約5％大きい値になっている。また、切頂20面体から5方12面体に変換する例の場合には、切頂20面体〔**図2.42**(f)〕の展開図が**図2.42**(g)に示すように正5角形と正6角形で成り立っているから、図中のABとBCの長さの比は0.897になり、**図2.39**(a)の5方60面体の基本3角形Ⓐの0.887より1％強大きくなる。このような誤差は元の半正多面体が正方形をベースにする半正多面体では大きく、正12角形をベースにする場合は小さい。

上では半正多面体→カタランの立体の変換の際に生じる誤差について述べた。逆に、カタランの立体→半正多面体の変換を行う場合には、半正多面体がすべて正多角形で作られるため、形状の問題を伴うことなく正しく変換されることを注記しておきたい。

半正多面体の展開図を用いて双対のカタランの立体の近似模型を作る例を示した。初等幾何学を超えた幾何模型を記述した意図は、小中学生でも簡単に作れる半正多面体の展開図に内心連結による双対折紙を用いる簡単な方法で、高度な幾何模型が作れ、幾何学の面白さを体感できると考えたことによる。カタランの立体の詳細については幾何学の教科書[25]やインターネットで検索できるWikipediaなどを参考にして欲しい。

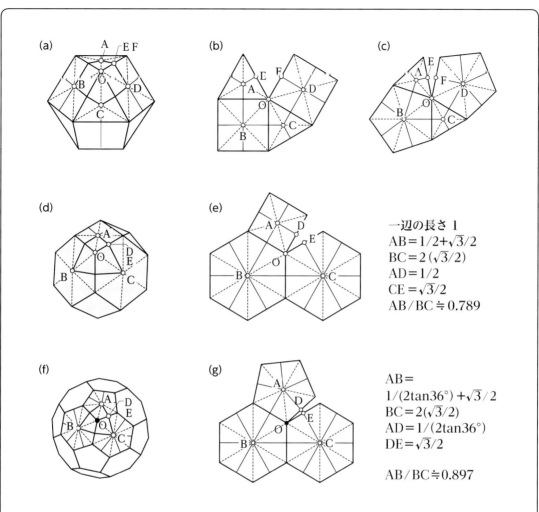

一辺の長さ 1
AB = 1/2+√3/2
BC = 2 (√3/2)
AD = 1/2
CE = √3/2
AB/BC ≒ 0.789

AB =
1/(2tan36°) +√3/2
BC = 2(√3/2)
AD = 1/(2tan36°)
DE = √3/2

AB/BC ≒ 0.897

図 2.42 (a) (b) 立方 8 面体とその展開図の一部、(c) 20・12 面体の展開図の一部、(d) (e) 切頂 8 面体の頂点 O 周りの折り線の説明図、切頂 8 面体の展開図上で 4 方 6 面体の基本の 3 角形 ABC の寸法を算定、(f) (g) 切頂 20 面体の頂点 O 周りの折り線の説明図と切頂 20 面体の展開図上で 5 方 12 面体の基本の 3 角形 ABC の寸法算定

2.7　折り線が追加付与された多面体の展開図による模型製作：双対折紙の拡張も含めて

　前節では展開図の要素図形の内心を結ぶ折り線を導入し模型作りを行った。これを折り線を追加付与して立体模型を創製する新たな折紙手法と考える。ここでは、菱形12面体や菱形30面体に折り線を付与する例、折り線を付与して正多面体を新たな形状に加工する例や星型多面体の製作例について述べる。

（a）菱形12面体と菱形30面体

　菱形12面体の展開図〔**図2.37**（c）〕の菱形（対角線長さ比；約1.414）に折り線を追加・付与して、新たな模型作りを行う例を示す。菱形の短い対角線を山折り線として追加し、境界を谷折り線にすると、6つの正4角錐の頂点が（立方体の）中心で会合し、**図2.26**（f）で困難であった立方体のスケルトン模型を作ることができる〔**図2.43**（a）〕。交互に山、谷折り線を設けると、**図2.43**（b）に示すコルゲート面の立方体を得る。

　長い対角線を山折り線、菱形要素の辺を谷折りにすると、**図2.43**（c）に示す浅い凹面の正8面体のスケルトン状の模型を得る。

　図2.43（d）のように交互に山、谷折り線を加えると、コルゲート模型を得る。このコルゲート模型は不完全なスケルトンに基づくため、**図2.25**（j）のそれとは厳密には異なるものである。

　2.5節で正多面体の正多角形要素を分割して模型を作ったように、この菱形要素を等分

に数分割し、分割された図形の内心を結ぶ双対折紙の手法で折り線を設けると、**図2.43**（e）～（h）のようになり、一部あるいは全面凹の4つの半正多面体が作られる〔**図2.37**（c）の菱形12面体のうち、2面分だけ表示〕。それらは正方形や正8面体から派生する切頂6面体（No.2）、切頂8面体（No.3）、斜方立方8面体（No.8）、斜方切頂立方8面体（No.10）の一部凹面体などである。

　菱形30面体の展開図〔**図2.38**（c）〕の菱形（対角線長さ比；約1.618、黄金比）に折り線を追加・付与して、新たな模型作りを行った例を示す。折り線の設定法は菱形12面体の場合と基本的に同じである。

① 　短い対角線を山折り線として追加し、菱形の辺を谷折り線にすると、全面凹の正12面体の模型を得る〔**図2.44**（a）〕。

② 　長い対角線を山折り、菱形要素の辺を谷折り線にすると、凹面の正20面体状の模型になる〔**図2.44**（b）〕。

　図示はしないが、前述の菱形12面体の**図**

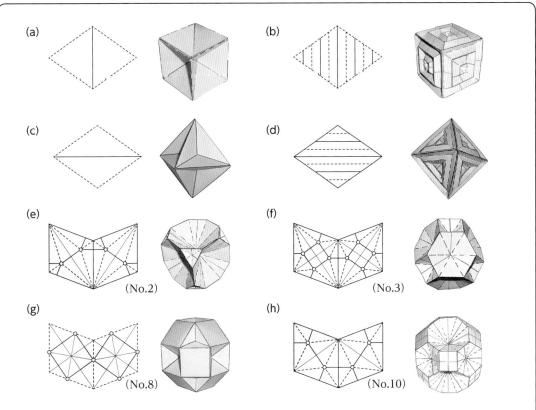

図 2.43 (a)〜(d)対角線長さ比約 1.414 の菱形からなる菱形 12 面体の展開図〔図 2.37 (c)〕を用い、その菱形図形に種々の折り線を追加して立体模型を製作、(e)〜(h)菱形 12 面体の展開図〔図 2.37 (c)〕を用い、菱形要素を複数個に等分割、分割された図形の内心を結ぶ双対折紙の手法で製作される半正多面体の凹面の折紙模型

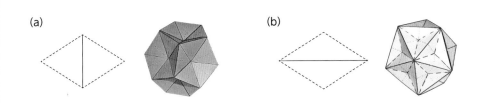

図 2.44 菱形 30 面体の展開図〔図 2.38 (c)〕を用い、その菱形(対角線長比；約 1.618、黄金比)に種々の折り線を追加して立体模型を製作

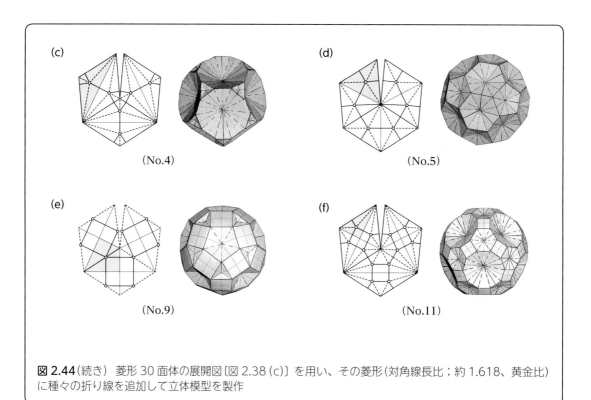

(c)

(No.4)

(d)

(No.5)

(e)

(No.9)

(f)

(No.11)

図 2.44（続き）　菱形 30 面体の展開図〔**図 2.38**（c）〕を用い、その菱形（対角線長比；約 1.618、黄金比）に種々の折り線を追加して立体模型を製作

2.43（b）（d）と全く同じように平行な山、谷折り線を交互に複数個追加するとコルゲート面状の正 12 面体や正 20 面体が作られる。

　基本の菱形要素を等分に分割し、**図 2.44**（c）～（f）のように分割された図形の内心を結んだ折り線図（菱形の面 3 つ分だけ表示）を用いると、一部あるいは全面凹の 4 つの半正多面体の模型を作ることができる。それらは、切頂 12 面体（No.4）、切頂 20 面体（No.5）、斜方 20・12 面体（No.9）、斜方切頂 20・12 面体（No.11）の一部凹面の多面体である。

　上述のことより、菱形 12 面体は、その双対の立方 8 面体や**図 2.43**（e）～（h）で示した

4 種の半正多面体、およびそれらの基である立方体、正 8 面体などの幾何学的特性を合わせ持つ中間的な立体であると考えられる。同様に、菱形 30 面体は正 12 面体や正 20 面体を基にし、双対の 20・12 面体〔**図 2.38**（e）〕および**図 2.44**（c）～（f）の半正多面体の特性が融合した立体であると言える。

（b）正多面体の変形・加工の例

　上では主に、多面体の面の内心を結んでデザインする双対折紙により凸の多面体を凸凹の面からなる立体に変形する操作を述べた。多面体の頂点部を角錐の頂点と見なすと、通

第 2 章　幾何学の基礎と折紙への応用

62

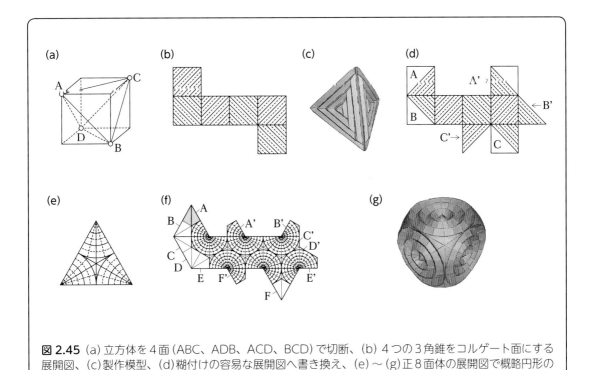

図 2.45 (a) 立方体を 4 面（ABC、ADB、ACD、BCD）で切断、(b) 4 つの 3 角錐をコルゲート面にする展開図、(c) 製作模型、(d) 糊付けの容易な展開図へ書き換え、(e) 〜 (g) 正 8 面体の展開図で概略円形のコルゲート面の立方体を製作

常の（凸の）多面体を星型として取り扱うことができる。以下では、折り線を新たに付与して異なる形状の模型を創製する例を紹介する。

多面体の頂点部を角錐の頂点と見なす例として、立方体を取り上げる。図 2.45 (a) のように、立方体を 4 面（ABC、ADB、ACD、BCD）で切断すると正 4 面体が中央に残る。これを正 4 面体に正 3 角錐を 4 個貼り付けた星型多面体と見て、角錐面をコルゲート化して略平面にする。図 2.45 (b) のように立方体の展開図に山、谷折り線を交互に設け、角錐部分をコルゲート状に折ると、図 2.45 (c) のコルゲート面の正 4 面体を得る。図 2.45

(d) は糊付け加工が容易になるように展開図 (b) を修正したものである（A → A'、B → B'、C → C'へ移動）。

図 2.45 (e) のようにタイプ C の折り線を基に正 3 角形に折り線を設け、双対折紙で正 8 面体の展開図でコルゲート面の立方体を作る。ここでは概略円形のコルゲート面になるよう正 3 角形の頂角部を 4 分割した後、展開図の緑色で示した凧形 6 個（A〜F）を移動した図 2.45 (f) を用いた。製作された折紙模型を図 2.45 (g) に示す。

正 20 面体の展開図を用いて、双対の正 12 面体の変形模型を作る例を示す。図 2.45

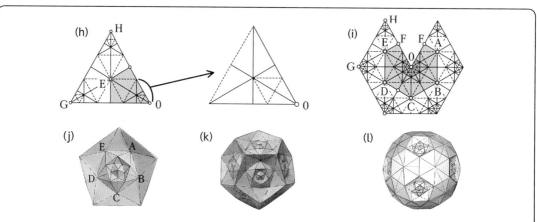

図2.45（続き）　(h)折り目を付与した正3角形と頂点部の拡大図、(i)図(h)を5個接合した図（正20面体の展開図の一部）、(j)図(i)の中心部のピンク色部分を折った折紙模型、(k)凹面の正12面体〔図(h)の正3角形20枚からなる正20面体の展開図で製作〕、(l)山、谷折り線を逆にして作られる切頂20面体（サッカーボール）

(h)のような折り線を正3角形の内部に設ける。これで正20面体の展開図〔図2.28(a)〕の正3角形をすべて置き換え新たな展開図とすると、展開図の一部は図2.45(i)のようになる。この図の中央のピンク色部は5角錐を形成する。この5角錐部分は折ることで図2.45(j)のようなジグザグ面の星型形状になる。結果、これを12面に用いると、図2.45(k)に示すような変形型の正12面体が作られる。図2.45(h)の山、谷折り線を逆にして折ると、図2.45(l)に示すような正5角形の面が星型状に窪んだサッカーボールを得る。

(c) 星型多面体 [25、26]

　正4面体に正3角錐を貼り付けた図2.26(k)、正6面体に正4角錐を貼り付けた図2.26(b)、正12面体に正5角錐を貼り付け

た図2.28(c)など、正多面体に角錐面が正3角形の角錐を貼り付けた模型はダヴィンチの星型とも言われる。図2.46(a)〜(c)に示すように、これら3つの星型を作る角錐基部の会合点（図中、丸印）で60°の錐面が6つあり、ちょうど360°となる。そのため、単純に平面紙を折り返すことで模型を作ることができる。しかしながら、図2.46(d)(e)に示す正8面体、正20面体状の星型では、角錐基部で各々8個（480°）、10個（600°）の正3角形の面が会合するため平面（360°）では賄いきれない。このような模型を作るには、360°以上の角度を確保する必要がある。ここでは、簡便な方法として、会合点周りの一部を内部に折り込んで360°以上の角度を作る手法を採用する。

　図2.46(f)は正3角形に図のような谷折り

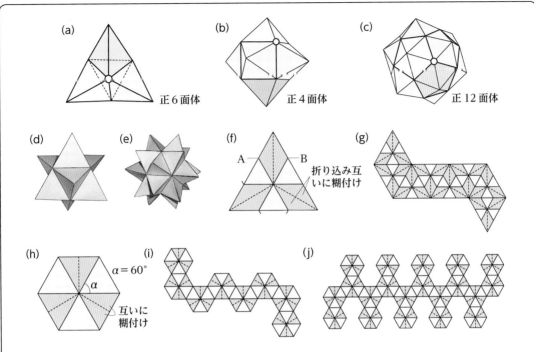

図 2.46　ダヴィンチの星型の簡便製作法、(a) ～ (c) 正 4、6、12 面体をベース、(d) (e) 正 8 面体と正 20 面体形のダヴィンチの星型、(f) (g) 折り線を設けた正 3 角形と正 8 面体の展開図、(h) 内部に折り込んで糊付け、(i) 展開図 (g) を更に簡略化した製作用展開図、(j) 正 20 面体形のダヴィンチの星型用展開図

線 (点線) を付与し、図中の菱形部分を内部に折り込む方法を示す。この正 3 角形で正 8 面体の展開図を作ると、**図 2.46** (g) となる。**図 2.46** (h) は**図 2.46** (f) の 3 つの頂点部 (AB より上部) を切り取って作った正 6 角形で、これで**図 2.46** (g) の正 3 角形部分を更に置き換えると**図 2.46** (i) となり、これを用いると**図 2.46** (d) に示す星型多面体が簡便に作られる。正 20 面体の展開図の正三角形に**図 2.46** (h) を用いると展開図は**図 2.46** (j) のようになり、これで**図 2.46** (e) に示す正 20 面体型の星型模型を簡便に作ることができる。

上述の簡便法を用いて幾何学で著名な 2 つの星型模型を作る例を示す。**図 2.47** (a) のような折り線、中央部には Y 字形のスリットを設けた正 3 角形を作り、ピンク色部を 2 つ折りにして内部に折り込む ($\alpha = 18°$)。この折り線入りの正 3 角形で正 20 面体の展開図を作ると**図 2.47** (b) に示すケプラーの小星型 12 面体と呼ばれる星型模型が作られる。これは大 12 面体 [**図 2.27** (g)] の双対体であり、この小星型 12 面体を大 12 面体の展開図に内心連結による双対折紙の手法を用いて作ることもできる。正 5 角形からなる正 12 面体の

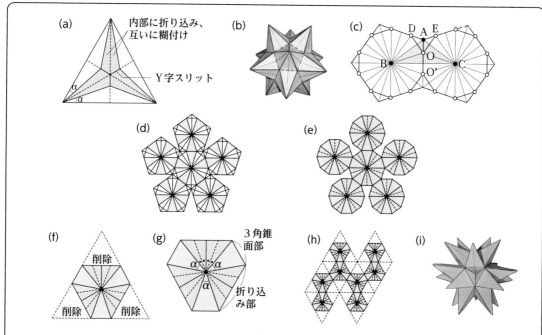

図 2.47 (a) (b) ケプラーの小星型 12 面体模型の製作、正 3 角形（折り込み用の折り線付与）で作られた正 20 面体の展開図を使用、(c) ～ (e) 模型(b)を作る別の展開図（正 12 面体の展開図が基本）、(f) ～ (i) ケプラーの大星型 12 面体模型の製作、(g) 頂角 36°の 2 等辺 3 角形 3 個分を残し、残部を折り込み、(h) 正 20 面体の展開図を使用

展開図、すなわち、大 12 面体の展開図 [**図 2.27** (g)] の一部を**図 2.47** (c) で表す。△ ABC の内心 O を定め、3 辺に垂線を引くと、展開図（半分）として**図 2.47** (d) を得る。簡素化のため**図 2.47** (c) の 3 重点部分（DOEA）を取り去ると**図 2.47** (e) となる。この展開図を用い、ピンクの部分を内部に折り込むと**図 2.47** (b) のケプラーの小星型 12 面体を作ることができる。

　図 2.47 (f) に示すように、正 3 角形を基本にし、**図 2.47** (g) のように頂角 $\alpha = 36°$ とした 2 等辺 3 角形（緑色部）を、元の正 3 角形の 3 辺上に底辺を持つよう 3 個設け、残りを内部に折り込む展開図とする。これを正 20 面体の展開図に用いると**図 2.47** (h) となる [**図 2.28** (a) の 5 列のうち、2 列分のみ表示]。この展開図を用いると、**図 2.47** (i) に示すケプラーの大星型 12 面体と呼ばれる正 20 面体型の星型が簡便に作られる。模型作りの際には折り重ねがあるためコピー用紙程度の薄い紙を用いることを推奨する（ケプラー・ポアンソの星型模型の幾何学的観点よりの説明は**章末コラム**参照）。

2.8　正多面体による空間充填とそれらの折紙模型^(25~27)

(a) 単独の正多面体による空間充填

　平面を隙間なく埋めたものを平面充填形と呼ぶのと同様に、空間を隙間なく埋めたものを空間充填形と言う。正多面体のうち、単独で空間を隙間なく詰め込みできるものは**図2.48**(a)(b)に示す立方体だけである。半正多面体では、**図2.48**(c)(d)に示す切頂8面体（ケルビンの14面体）で単独で空間を充填できることが知られている。これらの多面体による空間充填については第5章でねじれ多面体と関連させて記述する。

　単独で空間の充填ができる立体にカタラン体の1つである菱形12面体（**図2.37**）がある。菱形12面体は、**図2.48**(e)に示すよう

に立方体の中心を通る面で切断して作られる6個の4角錐（例えば正4角錐ABCDO）をもう1つ別の立方体の6面に貼り付けた形状〔**図2.48**(f)〕である。立方体の右面に貼り付けられた4角錐の1つの面と上面に貼り付けられた4角錐の1つの面は同一面上にある；貼り付けた6個の正4角錐の面はすべて隣のそれらと面一になり〔**図2.48**(g)〕、角錐面は菱形を形作る。上述のことより、菱形12面体は立方体2個で作られることが分かる。

　これらのことから**図2.48**(h)に示すように菱形12面体が立方体のスケルトン〔**図2.43**(a)〕にぴったりと嵌るように置ける。この嵌め込みは3方向にできるから、これを繰

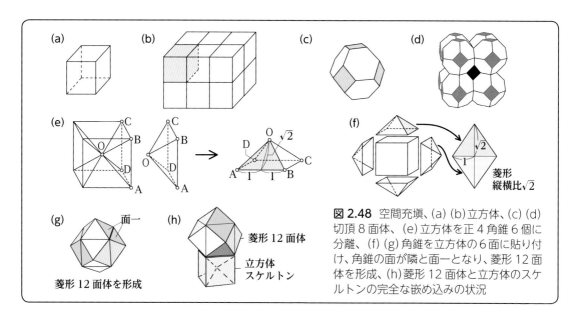

図2.48 空間充填、(a)(b)立方体、(c)(d)切頂8面体、(e)立方体を正4角錐6個に分離、(f)(g)角錐を立方体の6面に貼り付け、角錐の面が隣と面一となり、菱形12面体を形成、(h)菱形12面体と立方体のスケルトンの完全な嵌め込みの状況

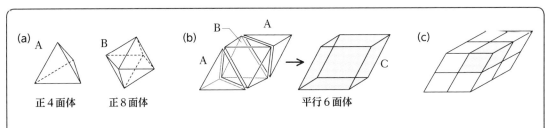

図 2.49 (a)(b) 正4面体2個と正8面体1個で作られる平行6面体、(c) 平行菱形6面体による空間充塡の様子

り返すと空間が菱形12面体で隙間なく埋め尽くされることが分かる。この菱形12面体は体心立方構造の格子点を結んで作られたものであり、立方体に角錐を6個貼り付けた星型と見ることができる(**第6章のコラム**参照)。

(b) 2種類の正多面体の組み合わせでできる空間充塡

2種類の正多面体や半正多面体を組み合わせることにより空間充塡できるものが4組ある[25]。それらのうち、模型の製作が容易な①正4面体と正8面体の組み合わせによる充塡形、②切頂4面体と正4面体に基づく空間充塡について述べる。

正4面体と正8面体の組み合わせによる空間充塡

図 2.49 (a)(b)に示すように正8面体Bの両端に2つの正4面体Aをつなぎ合わせると頂角60°の菱形面からなる平行6面体と呼ばれるCが作られる。この6面体は立方体の上面を対角線方向にマッチ箱をずらすように押しつぶした形と見ることができ、この立体で**図 2.49** (c)に示すように空間を隙間なく充塡することができる。この空間充塡形を用いると、強靭なコア構造をデザインすることができる。この充塡形については**第6章**のコア構造の項で述べる。

切頂4面体と正4面体の組み合わせによる空間充塡

図 2.50 (a)に示すように切頂4面体〔**図 2.50** (b)〕を平面上に隙間なく並べたものを重ねて置くと、間に正4面体の空洞ができる。すなわち、切頂4面体と正4面体の組み合わせで空間充塡される。正3角形の面4個を取り去った切頂4面体は**図 2.50** (c)のように正6角形4個の展開図で作られる。**図 2.50** (d)のようにこれを6つ分配置し、矢印部分を接合すると**図 2.50** (e)を得る。**図 2.50** (c)を参考にして、これを**図 2.50** (f)のように辺を接合すると、1辺に3個並べた**図 2.50** (g)の"3個模型"を得る。1辺に4、5個並んだ模型も**図 2.50** (c)をつなげて作ることができる。**図 2.50** (h)は1～5個からなる模型を積み上げたピラミッド模型で、これは1～5個模型の展開図を矢印部でつないだ**図 2.50** (i)で作られている。

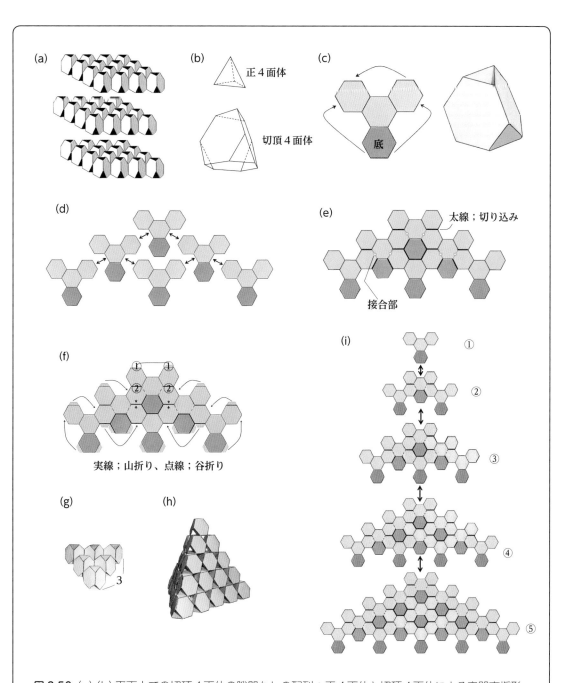

図 2.50（a）（b）平面上での切頂 4 面体の隙間なしの配列；正 4 面体と切頂 4 面体による空間充塡形、（c）切頂 4 面体の製作、（d）〜（g）切頂 4 面体を 6 個つないだ模型を製作する展開図の作成法とその模型、（h）1〜5 個模型を積み上げたピラミッド模型、（i）模型（h）を作る展開図、（1〜5 個模型を作る 5 個の展開図を矢印部で接合）

【コラム】　星型正多面体の構成と内部構造

星型正多面体は 17 世紀初頭に考案・発見されたケプラーの、① 小星型 12 面体と、③ 大星型 12 面体、その約 2 世紀後にポアンソにより発見された、② 大 12 面体と、④ 大 20 面体の、表に示す 4 種からなる。正 5 角形、正 3 角形または図 (a) の星型正 5 角形のいずれか 1 種を芯とする正 12 面体あるいは正 20 面体の（全）面に貼り付けて作られる。星型の呼び名は芯の形状で定まる。② 大 12 面体〔図 (b-2)、図 2.27 (j)〕は正 12 面体を芯とし、その 12 面に（色分けした）正 5 角形を各 1 枚貼り付けて作られている。① 小星型 12 面体〔図 (b-1)、図 2.47 (b)〕と③ 大星型 12 面体〔図 (b-3)、図 2.47 (i)〕の双方ともに、図 (a) の星型正 5 角形を正 12 面体の芯に貼り付けて作られる（図は同一面を A、B など、色分け表示）が、星型の寸法が異なる。小星型 12 面体の形状は比較的簡単に理解できる。一方、大星型 12 面体は、正 12 面体を芯にしてその周りに正 3 角錐 20 個が形成されるよう星型正 5 角形 12 枚を組んで作られたものであるが、芯の正 12 面体と星型正 5 角形の面がどのような位置関係にあるのかを外観のみで推測することは容易ではない。また、④ 大 20 面体は図 (b-4) から分かるように、正 12 面体に星型断面の角錐を 12 個貼り付けた一見分かりやすい形状ではあるが、どのような寸法の正 3 角形 20 枚を芯の正 20 面体の各面に貼り付ければこの模型が作られるのかを理解・納得することは、幾何学の初心者には困難、否、ほぼ不可能に近いと思える。そのうえ、この困難に明快に答えてくれる分かりやすい解説や幾何模型が容易に見当たらないことが残念なことである。

上述の③ 大星型 12 面体と④ 大 20 面体の芯部分の基本構造は本章で記した双対折紙で作られる全面凹の 12 面体〔大 12 面体、図 2.27 (j)〕と全面凹の 20 面体〔図 2.28 (f)、正 20 面体の第 3 の星型[33]〕と関連している。これら 2 種の凹面体をアクリルや塩ビ板などの透明板で作り、芯とする正多面体を内接保持し、その芯の部分を可視化することにより、難解な星型模型の基幹部分を初心者でも目視により明快に理解することができると考えられる。

星型正多面体名	構成する面の形と数		辺数	（外）枠の形状	（中心部）芯の形状
①小星型 12 面体	星型正 5 角形	12 枚	30	正 20 面体	正 12 面体
②大 12 面体	正 5 角形	12 枚	30	正 20 面体	正 12 面体
③大星型 12 面体	星型正 5 角形	12 枚	30	正 12 面体	正 12 面体
④大 20 面体	正 3 角形	20 枚	30	正 20 面体	正 20 面体

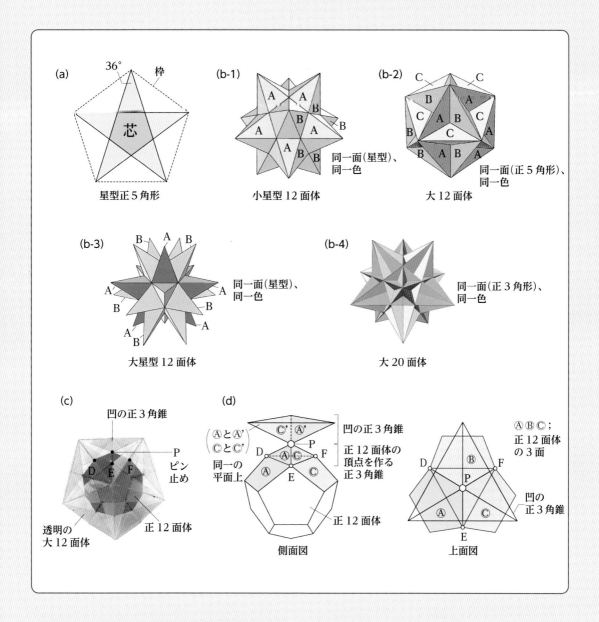

(a)
36°　枠
芯
星型正5角形

(b-1)
A　A
B
B
A　A　B
A　B
同一面（星型）、
同一色
小星型12面体

(b-2)
C　C
B　C
C　A　B　C
B　A
B　A　B　A
同一面（正5角形）、
同一色
大12面体

(b-3)
B　A　B
A'　A
A'　A
B　B
A　B
大星型12面体
同一面（星型）、
同一色

(b-4)
同一面（正3角形）、
同一色
大20面体

(c)
凹の正3角錐
P
ピン止め
D　E　F
透明の
大12面体
正12面体

(d)
Ⓒ'　Ⓐ'
凹の正3角錐
（ⒶとⒶ'
ⒸとⒸ'）
同一の
平面上
D　Ⓐ　Ⓒ　F　P　正12面体の頂点を作る正3角錐
Ⓐ　Ⓒ
E
正12面体
側面図

ⒶⒷⒸ；
正12面体
の3面
D　Ⓑ　F
P
Ⓐ　Ⓒ　凹の正3角錐
E
上面図

大星型12面体（小星型12面体も含む）

図(c)に透明な塩ビ板で作った大12面体〔凹面の20面体、図2.27(j)〕を示す。ここで中心部の正12面体の全頂点が内向きの3角錐の凹面の頂点P、D、E、Fなど20点で内接するように保持されている。図(d)の側面図と上面図に示すように凹20面体の凹んだ正3角錐と正12面体の頂点を作る3角錐は相似で、頂点Pで接合され、この点で点対称に配置されている。それ故、正5角形の3つの面（Ⓐ、Ⓒなど）は外側に配置された凹面を作る3つの錐面（Ⓐ'、Ⓒ'など）と各々〝同一面〟上にあることが分かる。

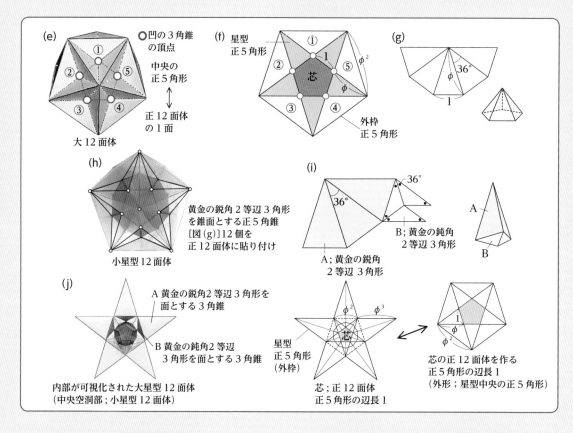

(e) ○凹の3角錐の頂点 / 中央の正5角形 / 正12面体の1面 / 大12面体

(f) 星型正5角形 / ① ② 芯 ⑤ ϕ^2 / ③ ④ ϕ / 外枠正5角形

(g) 36° / ϕ / 1

(h) 黄金の鋭角2等辺3角形を錐面とする正5角錐〔図(g)〕12個を正12面体に貼り付け / 小星型12面体

(i) 36° / 36° / B；黄金の鈍角2等辺3角形 / A；黄金の鋭角2等辺3角形 / A / B

(j) A 黄金の鋭角2等辺3角形を面とする3角錐 / B 黄金の鈍角2等辺3角形を面とする3角錐 / 内部が可視化された大星型12面体（中央空洞部；小星型12面体）

ϕ^2 ϕ^3 芯 / 星型正5角形（外枠）/ 芯；正12面体正5角形の辺長1

1 / ϕ / ϕ^2 / 芯の正12面体を作る正5角形の辺長1（外形；星型中央の正5角形）

図(e) (f)は大12面体の折紙模型と外観の模式図で、図中の5つの赤丸点が図(c)の内部に配された芯の正12面体の頂点に対応する。すなわち、中央の正5角形が正12面体の1つの面になる。これらの各点を介して正5角形と面①、②…⑤は各々同一面上にくる、結果、面①〜⑤は同じ平面上にあることが説明できる。

図(g)は黄金の鋭角2等辺3角形（付録2）を錐面とする正5角錐の展開図と模型を示す。この正5角錐は図(h)に示すように、大12面体の内部に配した正12面体の各面を底面にして大12面体の枠内にスッポリと収納される。12個配することで小星型12面体となる。すなわちこの星型は正12面体（正5角形の面の辺長1）

を芯にして図(f)の大きさの星型5角形（ピンク色部）を貼り付けることで作ることができる。

図(i)に上部が黄金の鋭角2等辺3角形3個、下部が鈍角2等辺3角形3個からなる2種の3角錐を一体化した展開図と模型を示す。この合体模型の下部は図(c)の大12面体の凹面にきっちりと収まり、20個配置すると大星型12面体となる。図(j)は大星型12面体の凹面に5個配して心部分を可視化した模型と、芯となる正12面体の正5角形、貼り付ける星型正5角形の位置の関係を示したもので、大星型12面体は芯の正12面体を作る正5角形よりひと回り大きな星型〔図(j)の外枠〕を、正12面体に12個貼り付けて作られていることが分かる。

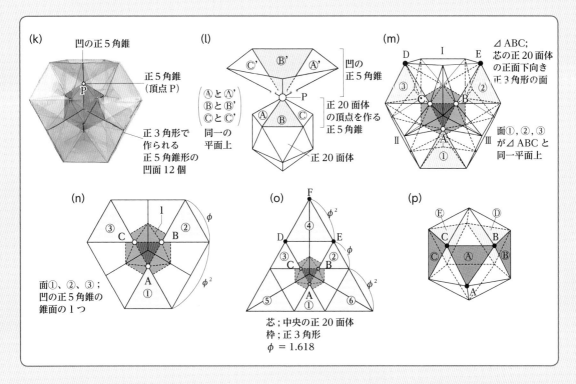

(k)
凹の正5角錐
正5角錐（頂点P）
正3角形で作られる正5角錐形の凹面12個

(l)
凹の正5角錐
ⒶとⒶ'
ⒷとⒷ'
ⒸとⒸ'
同一の平面上
正20面体の頂点を作る正5角錐
正20面体

(m)
∠ABC；芯の正20面体の正面下向き正3角形の面
面①、②、③が∠ABCと同一平面上

(n)
面①、②、③；凹の正5角錐の錐面の1つ

(o)
芯；中央の正20面体
枠；正3角形
$\phi = 1.618$

(p)

大20面体

　図(k)は透明の塩ビ板で作った正5角錐形の凹面の12面体〔図2.28(f)〕で正20面体を内接するように保持する様子を示す。図(l)に示すように凹面の正5角錐と内部の正20面体の頂点を作る5角錐は相似で、それらは図の点Pで点対称の形で配置されている。それ故、正5角錐の正3角形の5面（Ⓐ、Ⓑ、Ⓒ…）は外側に配置された凹面を作る5つの面（Ⓐ'、Ⓑ'、Ⓒ'…）の1つと各々同一面上にある。

　図(m)は図(k)を模式化したもので、3つの白丸点A〜Cが図(k)の前面中央下向きの正3角形の頂点に対応し、これらの頂点を介してこの正3角形と面①〜③は同一面上にある。図(n)に中央の（正20面体を作る）正3角形と図(m)の①〜③面が同一面上にあることを模式化

して示す。図(n)の6角形の3つの短辺を延長して、新たに正3角形の面④〜⑥を付与し、図(o)に示す大きな正3角形を作る。この大きな正3角形20枚を芯の正20面体の各面に以下のように貼り付ける。正20面体は図(p)に示すように、上部と下部が正5角錐、中央部は正3角形が上向きと下向きに交互に5個ずつ、計10個帯状に配されている。図(p)で色付けして示した中央部の下向きの5つの正3角形（Ⓐ〜Ⓔ）部分に図(o)の大きな正3角形を中心部の点A、B、Cが一致するよう各々1枚（計5枚）貼り付ける。これにより、図(o)の水平の線分DEより上にある正3角形④の部分5枚が図(q)(r)に示すように5角形の星型を形作って交差する。各辺は互いに黄金比で分割され、5枚の5つの頂点は中心Fに集まる。5枚の④で代表される

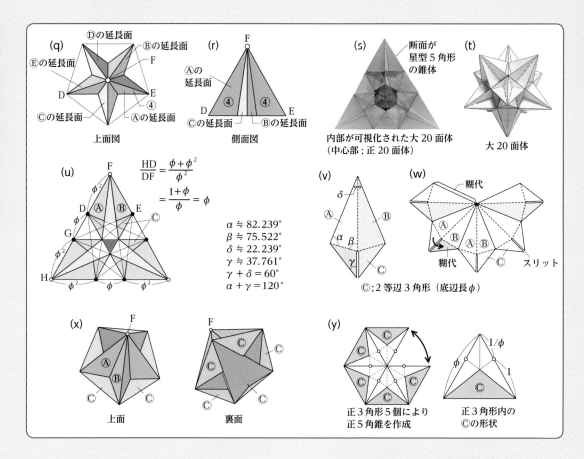

(q) Ⓓの延長面　Ⓑの延長面
Ⓔの延長面
D
Ⓒの延長面
Ⓐの延長面
上面図

(r)
F
Ⓐの延長面
④　④
D　E
Ⓒの延長面　Ⓑの延長面
側面図

(s) 断面が星型5角形の錐体
内部が可視化された大20面体
（中心部；正20面体）

(t)
大20面体

(u)
$\dfrac{\mathrm{HD}}{\mathrm{DF}} = \dfrac{\phi + \phi^2}{\phi^2}$
$= \dfrac{1 + \phi}{\phi} = \phi$

$\alpha \fallingdotseq 82.239°$
$\beta \fallingdotseq 75.522°$
$\delta \fallingdotseq 22.239°$
$\gamma \fallingdotseq 37.761°$
$\gamma + \delta = 60°$
$\alpha + \gamma = 120°$

(v)
Ⓒ；2等辺3角形（底辺長 ϕ）

(w)
糊代
Ⓐ　Ⓑ
糊代　Ⓒ　スリット

(x)
F
Ⓐ
Ⓑ
Ⓒ
上面

F
Ⓒ　Ⓒ
Ⓒ
Ⓒ　Ⓒ
裏面

(y)
Ⓒ
Ⓒ　Ⓒ
Ⓒ
Ⓒ
正3角形5個により正5角錐を作成

$1/\phi$
ϕ　1
Ⓒ
正3角形内のⒸの形状

正3角形は**図(q)(r)**に示すような星型断面の角錐を作る（製作方法は後述）。この角錐を3個作り、**図(m)**のⅠ〜Ⅲの部分にこれらを貼り付けたものが**図(s)**で、大20面体の芯の部分が可視化できる模型になる。**図(k)**の12の凹みすべてに星型断面の角錐を配置すると**図(t)**に示す大20面体の模型になる〔角錐部分も透明板で作った模型は**付録4(d)**、**図A9**(k)参照〕。

　最後に、星型断面の角錐の製作法を述べる。**図(u)**に示すように正3角形の3辺を、点D、G、E…のように黄金比で分割し、頂点と分割された点、分割された点同士をすべて結ぶと、3角形Ⓐ、Ⓑと©などの形が定まる。これらの3角形を用いて得た**図(v)**を基本図形とし、これを5つ並べた**図(w)**を星型断面の角錐の展開図とする。**図(v)**のⒸの片方を糊代にして上から貼り付けると、**図(x)**に示す所望する星型断面の角錐の模型を得る。この模型の裏面の形は正3角形5つで作られた5角錐〔**図(y)**〕にスッポリと嵌る形状である。この角錐形状は**図(m)**の凹み形状そのものである。なお、芯の正20面体の3角形の1辺を1として**図(o)**より、大20面体を作る際に20面体（正3角形の辺寸法1）に貼り付ける正3角形の1辺の長さは $\phi + 2\phi^2 \fallingdotseq 6.85$ になり、極めて大きな正3角形であることが分かる。

第3章 螺旋構造と折り畳みの基礎事項

　円筒や円錐などは螺旋状の折り線を用いると良好に折り畳まれる。また、力学的な観点からもこのような螺旋を用いる利点が明らかにされている[20A]。このことから、螺旋の特性を知ることは折り畳みのできる折紙模型を設計する際には必要不可欠なものと考えられる。螺旋の語源は貝殻を意味する螺で、わが国では渦巻き状のものを広く螺旋と呼ぶ。英語では平面状（上）の螺旋をスパイラル、3次元の立体状のものをヘリックスと言い分ける。ここでは、最初に平面状の螺旋の代表的なアルキメデスの螺旋と等角螺旋[26, 27]について、次に、折り畳み模型を作ることを念頭に円筒状の螺旋や円錐状の3次元の螺旋の概要について述べる。

3.1 螺旋

（a）アルキメデスの螺旋とその描き方

　アルキメデスの螺旋は**図 3.1**（a）に示すように、等間隔の幅の渦巻きのものを言う。**図3.1**（b）（c）のように太さ一定のロープを巻いてできる螺旋や、渦巻き形状の蚊取り線香のようなものを考えると分かりやすい。螺旋上の点の半径は回転角に比例して大きくなる。すなわち、x 軸から反時計回りで回転角 θ をとり、回転角 θ の点の半径 r を $r = a \times \theta$ として定める（a；定数）。定数 a は等間隔の渦巻きの幅になり、a が大きいほどゆったりとした巻き方になる。**図 3.1**（d）に θ が45°、90°、135°、180°と 45°増えるごとに径 r が

1、2、3…となるアルキメデスの螺旋を示す。折紙模型を製作する際に用いる展開図は、この図のように少し角張った略曲線を用いたものになる。

　図 3.1（e）のように多数の螺旋を同時に描くこともできる。**図 3.1**（f）は円形膜の中心部に（正6角形の）ハブを設け、その外側部分をハブに巻き取る折紙モデルの折り線図を示す。ここでは、正6角形の頂点から6本のアルキメデスの螺旋状の折り線③、（略）半径方向の山、谷折り線①②を設け、これらを組み合わせて折り線図とするもので、詳細は次章で記述する。

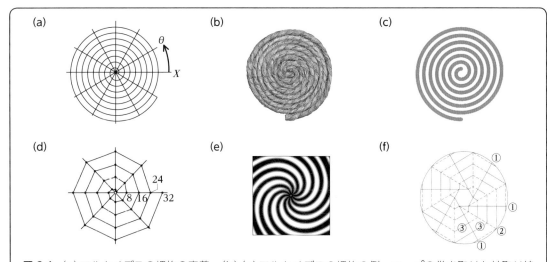

図 3.1　（a）アルキメデスの螺旋の定義、（b）（c）アルキメデスの螺旋の例、ロープの巻き取りと蚊取り線香の螺旋、（d）反時計回りに 45°回転するごとに半径が 1 増えるアルキメデスの螺旋（1 周で 8 増加）、（e）複数の螺旋、（f）複数の螺旋状折り線を組み合わせて巻き取る折り畳み模型製作への応用例

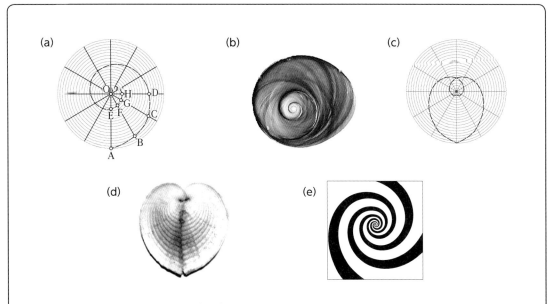

図 3.2 (a)円を 12 分割、半径 p、p^2、p^3、…の点を結ぶ(p=0.9、半径 1)、∠OAB＝∠OBC＝∠OCD；螺旋が半径と等角度、(b)サザエの貝殻の蓋に見る等角螺旋、(c)双方向の螺旋の組み合わせ、(d)ハート貝に見る螺旋模様、(e)複数の等角螺旋の組

(b) 等角螺旋とその描き方

　市販の円形（丸形）のグラフ用紙を用いて、等角螺旋を用いた折紙モデルを作成するのに必要な、この螺旋の描き方の例を示す。最初、**図 3.2** (a)に示すように、中心角 360°を 12 分割して 30°ごとに放射線を引く（中心；O）。次に、円形グラフの外周の半径を 1 とし、外周上に点 A を定め、30°ずつ回転した半径上に半径を p、p^2、p^3、…（$p<1$）として点 B、C、D…を定める（図は $p=0.9$）。これらの点の径は比率 p で小さくなるから、BO/AO＝CO/BO＝DO/CO＝p になる。また、これらの点を 30°ごとに分配したから、△ABO、△BCO と△CDO は相似になり、∠

OAB＝∠OBC＝∠OCD となる。これは螺旋が半径となす角が等角度になることを示し、これが等角螺旋と名付けられる由縁である。円を 30°で分割したため螺旋にはカドが現れるが、分割の角度を小さくすればするほど曲線（等角螺旋）に近付く。点 A、B、C、D…を各々、直線で連ねた線は近似的な折れ線状の等角螺旋であるが、各点は等角螺旋上にある。このような螺旋模様は、例えば、**図 3.2** (b)に示したサザエの貝殻の蓋の裏に見られる。この螺旋を対称に逆方向にも描いたものが**図 3.2** (c)であり、このような模様は**図 3.2** (d)に示したハート貝で見ることができる。**図 3.2** (e)は 6 本の等角螺旋を描いた

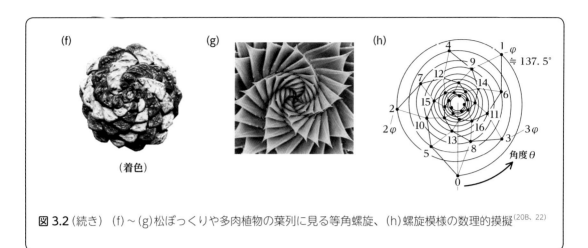

図 3.2 (続き) (f)～(g)松ぼっくりや多肉植物の葉列に見る等角螺旋、(h)螺旋模様の数理的模擬[20B、22]

もので、折紙の展開図は一般に数本の螺旋の組み合わせを用いてデザインする。

図 3.2 (f) (g)に示す松ぼっくりの球果(着色処理、中心；なり口)や多肉植物の葉の配列は複数の等角螺旋で表すことができる。このような植物の螺旋模様を模擬したものが図3.2 (h)で、反時計回りに何重にも回って中心に向かう等角螺旋(生成螺旋と言う)を描き、この螺旋上に等角度(黄金角 $\varphi ≒ 137.5°$)で黒丸点(1、2、3…)を配置している。外周上の点から近くに見える点を結んだものが、時計回り(5本)と反時計回り(8本)で中心に向かう2種類の螺旋である(5と8は連続するフィボナッチ数、付録2参照)。すなわち、この図は3種類の螺旋で描かれたものになっている。生成螺旋の間隔をさらに狭く、密に描き、黄金角 φ (≒137.5°)で点1、2、3…を打点してゆくと、これら2種類の螺旋数は増える[20B]。なお、第4章の円形膜の折り畳

み模型はこのような螺旋を折り線に置き換えて作られている(図 4.15、図 4.16 参照)。

(c) 円筒状の3次元の螺旋

円筒を巻く1本の3次元の螺旋は、図 3.3 (a)で表した展開図で置き換えることができる。図で平行な右上がりの4本の線が、4回転する1本の螺旋になることは展開図を丸めて筒を作ると分かる。図 3.3 (b)は緩やかに上がる右上がりの1本の螺旋と急激に上がる左上がり1本の螺旋を組み合わせた場合の展開図と螺旋の様子を、図 3.3 (c)は右上がり3本、左上がり3本の螺旋を対称に描いた展開図と螺旋の様子を示したものである。図中、水平に引いた点線は螺旋の交点を結んだもの、図 3.3 (d)は図 3.3 (b)の交点を結んだものである。本書では、このように交差するよう描いた螺旋を山折り線に、交点を結んだ点線を谷折り線に置き換え、3種類の螺旋を組み合

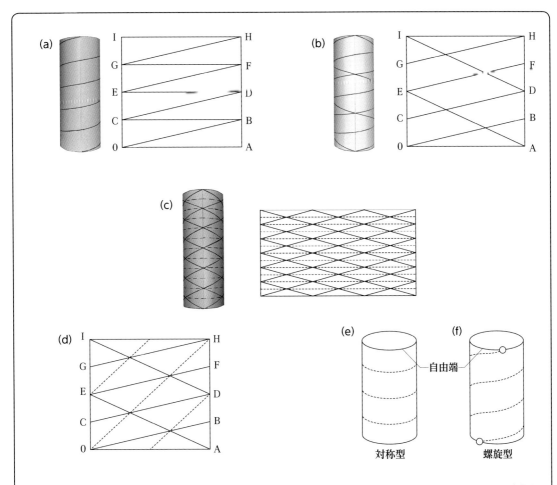

図 3.3　(a) 円筒形状の螺旋とそれらの展開図、(b) 交差するよう反対方向に描いた螺旋の展開図、(c) 右および左上がり3本の対称な螺旋、(d) 非対称な螺旋模様、(e) (f) 谷折り線が上下の自由端に端を持たない対称型と自由端に端を持つ螺旋型

わせて円筒の折紙模型の展開図を作る。**図3.3**(c)を対称な螺旋模様、**図3.3**(d)を非対称な螺旋模様と呼ぶ。

図3.3(c)に示すように、折り線の配置が対称の場合には谷折り線は円周状に自ら閉じるが、**図3.3**(d)のように非対称型にすると谷折り線が上下の自由に動ける端(自由端)にそ

れらの端を持つようになる。これを示したものが**図3.3**(e)(f)である。この自由端に折り線の端を持つことが螺旋状の折り線で作られる模型の変形拘束を軽減し、結果として模型が伸縮できることを担保していることを注記しておきたい。

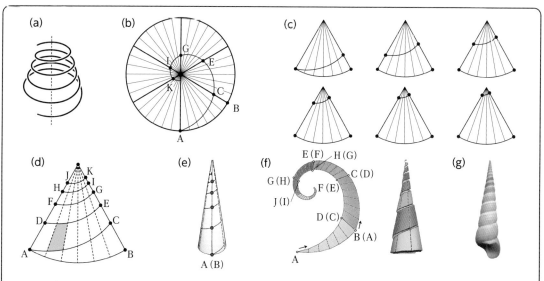

図 3.4 (a) 3次元の螺旋、(b) 円形域に等角螺旋の描画、(c) 図 (b) を6分割、(d) 図 (c) を頂角 60°の円弧状にまとめて描画、(e) 図 (d) を用いて作られる円錐殻、(f) 図 (e) の円錐殻を螺旋に沿って切断したときの展開図と模型、(g) 巻貝に見る3次元の等角螺旋

（d）円錐状の3次元の等角螺旋

図 3.4 (a) に円錐形状のコイルバネ形の螺旋を示す。このような螺旋を平面の等角螺旋を基に設計する。図 3.4 (b) のように、円形グラフを中心角 10°の放射線で 36 等分し、縮小比率 p を 0.94 として、点 A から等角螺旋を描く。次に、この図を中心角 60°で6個（$n=6$）に等分割し切断すると、図 3.4 (c) に示すように螺旋の一部が描かれた頂角 60°の扇形パーツ6枚が作られる。これら6枚を順に重ねると図 3.4 (d) のような図形を得る。ここで、点 D、F、H、J は各々点 C、E、G、I と同じ半径上にある。これは 展開図の頂角が 60°の円錐上に3次元の等角螺旋を描いたものに対応し、図の左右端を接合すると図

3.4 (e) のような円錐形状の折紙模型になる。円錐殻上に描かれた螺旋模型を真上から見ると、これも等角螺旋になっている。分割数 n を変えることにより任意の頂角の円錐形模型を作ることができる。

図 3.4 (e) に示す折紙模型を螺旋の最下点 A から螺旋に沿ってハサミで切ると図 3.4 (f) のようになり、これはこの円錐の別の展開図である。図中の白丸点を一致させて切断線を糊付けすると、元の円錐形状にもちろん戻る。このような螺旋形状を呈するものの1つが図 3.4 (g) に示す巻貝であり、その形状は図 3.4 (d) の緑色で表した歪んだ矩形を相似的に小さくしながらつなぎ合わせた形で作られている（**本章末コラム**参照）。

3.2　螺旋模様の折り線で作られる円筒と円錐殻：最強の構造と最弱の構造

　四方の端部が自由に動く平面紙を折ることは簡単である。しかし前節で述べたように丸めて筒状にすると、自由に動ける紙の端部は上下の円形部分だけに限定されるため、軸方向に折り畳むことは想定以上に厄介な課題である。ここでは円筒を多角形断面の筒に置き換え、このような多角形筒の特性を調べ、折り畳みの可能な筒をデザインする手がかりとする。

　図 3.5（a）は**図 2.23**で述べた正 5 角反柱である。これを積み上げて作られる筒状体とその展開図を**図 3.5**（b）（c）に示す。この展開図は右上がりと左上がりの螺旋が 5 本ずつ、交点を結んだ水平の谷折りが引かれた対称形の螺旋模様になっている。**図 3.5**（c）の太線で切断し、左側部分を右端に貼り付けると**図 3.5**（d）の斜め鉛直方向 5 列の図に書き換えられる。この列数を**図 3.5**（e）（g）のように各々 2、3 列にすると、幾何学では公知の正 4 面体をその稜線で 5 個連ねた模型〔**図 3.5**（f）〕や正 8 面体を 5 個積み上げた筒状模型〔**図 3.5**（h）〕が作られる。**図 3.5**（i）は正 3 角形を頂角 120°の 2 等辺 3 角形にしたもので、塑性座屈の模型（**第 4 章**）や 2 枚貼り模型の製作（**第 5 章**）に用いる対称型の折り畳み模型の代表例である。**図 3.5**（j）は弾性座屈の研究に用いられた頂角 90°の有名なヨシムラパター

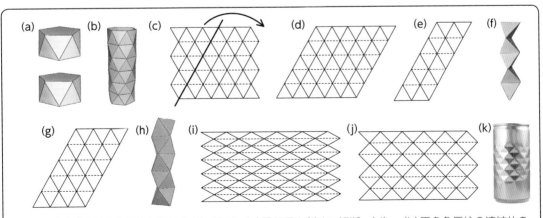

図 3.5　（a）（b）正 5 角反柱と積み上げた模型、（c）展開図を斜めに切断、（d）〜（h）正多角反柱の連結体の展開図と模型、（i）（j）頂角 120°、90°の 2 等辺 3 角形に変換、ヨシムラパターン、（k）コーヒー缶に見られるパターン

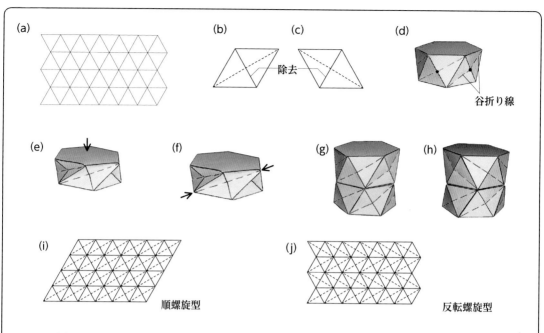

図 3.6 (a) 正 6 角反柱を作る展開図、(b) (c) 正 3 角形を 2 つ組み合わせて平行 4 辺形にした基本要素の採用、対角線；谷折り、(d) 正 6 角反柱、黒丸点を押すと (e) のように潰れ、(f) のようにつまむと復元、(g) (h) 正 6 角反柱を同方向と逆方向に積み上げ、(i) (j) 順螺旋型と反転螺旋型と名付けた模型の展開図

ンの展開図で、コーヒー缶［**図** 3.5 (k)］などで実用に供されている、幾何学では古くから知られた模型である。

　上述のように 3 角形の形状と水平方向の個数を選ぶことで種々の模型がデザインできるが、いずれの模型も構造的に最も安定な形状の 3 角形を用いて作られた凸の多面体を基本とする。そのため、このような多面体は極めて安定で最強の構造の部類に属すと考えられる。このように安定な構造を折り畳みができるものに変えるためには

① 3 角形要素に替えて変形の可能な 4 角形の要素形状を用いること

② 凸の多面体の一部を凹にすることなどが必要不可欠である。

　以下、これらのことを**図** 3.6 (a) に示す正 6 角反柱の展開図を用いて試みる。展開図中の正 3 角形 2 つを組みにして平行 4 辺形を作り、対角線を除去しこれらを基本の要素形状とする［**図** 3.6 (b) (c)］。また、平行 4 辺形の長い対角線を図に示すように谷折り線にして凸の面を凹面に換える。このような衣替えを行った模型を**図** 3.6 (d) に示す。図の中央の黒丸点を指で押すと**図** 3.6 (e) のように容易に潰れ、**図** 3.6 (f) の矢印方向につまむと元の正 6 角反柱に戻る。すなわち、天井や底が

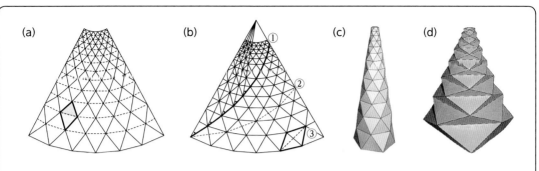

図 3.7　(a)(b)正6角反柱を積み上げた模型の角錐形への変換の図による説明、(c)(d)正多角反柱状の角錐形状模型

あるにもかかわらず、変形が容易で〝折紙的〟には変形は可逆的である。**図 3.6**(g)のように同方向に積み上げた模型はもちろん、**図 3.6**(h)のように逆方向に積み上げた場合も容易に折り畳まれる。**図 3.6**(g)(h)の模型を展開図で表すと各々**図 3.6**(i)(j)のようになる。前者を順螺旋型、後者を反転螺旋型と呼び、後者も力学的には螺旋構造と考えて取り扱うことができる。前者は捻れて折り畳まれ、後者はその展開図から推測できるように、バネが縮むように鉛直方向に折り畳まれる。各段ごとに独立に折り畳まれるため、折り畳み時に上部が回転するか否かの相違だけで、両者の折り畳みの機能はまったく同じである。これらの模型が次章で述べる折り畳み模型の基本形となる。

正6角反柱を積み上げた模型の展開図［**図 3.6**(a)］を角錐状の模型の展開図にしたものが**図 3.7**(a)である。**図 3.6**(a)の正3角形の底辺が作る水平線をこの図では円弧にし、中心に近づくほど円弧の半径を等比級数的に小さくしている。それゆえ、左、右上がりの曲線は等角螺旋である。上向きの3角形と下向きの3角形の形状は少し異なるが、各々それら自身で相似である。2個合わせて作られるゆがんだ相似形の菱形(図中、着色部)でこの展開図は平面充填されている。すなわち、**図 3.7**(b)に示すように、展開図の右上がりの線①を1本の曲線とみると、3角形の頂点で半径方向と常に等角である。1つ飛びの点をつないだ概略曲線②も等角螺旋である。

図 3.7(a)の円弧を谷折り線、左、右上がりの等角螺旋状の曲線を山折り線にすると、**図 3.7**(c)に示す角錐形の多角反柱を積み上げた模型になる。展開図の頂角を大きく(120°)とると、**図 3.7**(d)のような模型を得る。また、**図 3.7**(b)の③のように4角形を採用すると、**図 3.6**(i)(j)と同じように折り畳み模型の設計ができる。実際、円錐殻の折り畳み模型はこのような展開図で設計される(**図 4.5** 参照)。

3.3　折紙の基本事項

(a) 折り線、折り目[20A]

　1枚の紙は、**図3.8**(a)に示すように直線の折り線①②で2つ折りにはできるが、紙の端から端まで貫通しない**図3.8**(b)に示す折り線①②、あるいは屈曲した折り線③では折ることができない。また、折り線の数が3本では折れないが〔**図3.8**(c)〕、4本で始めて折れ〔**図3.8**(d)〕、平面から3次元へ変形できる。これらのことは経験から自然に受け入れ

られよう。折り線が合流する点を節点と名付ける。4本の折り線で折るとき、節点で折れるか否かは山折り線と谷折り線の組み合わせによる。4本の折り線のすべてが山折り(あるいは谷折り)線の場合には折ることができず、山折り線3本、谷折り線1本の場合に限り折ることができる(山、谷折り線数が逆も可)。

　以下で、折紙の分野ではよく知られた、折り畳むための基本的な条件を簡単に述べる。

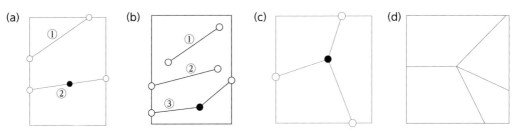

図3.8　(a)折り線が紙を貫通して折り目が入る例、(b)折り線に折り目が入らない例、(c) 折り線3本のため、折り目付け不可能、(d)折り線4本で折り目付け可能

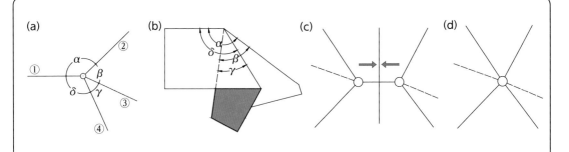

図3.9　(a)山折り線数3、谷折り線数1の基本形と角度の定義、(b) 折り畳み後の形状より $\alpha - \beta = \delta - \gamma$、(c)基本形の貼り合わせ(左右個別に折り畳み可)、(d)節点の合体で作られる1節点6折り線図

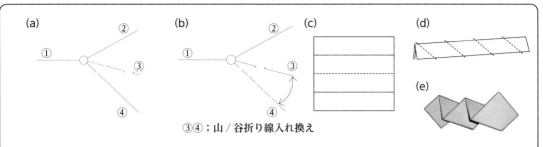

③④；山 / 谷折り線入れ換え

図 3.10 (a) (b)折り線③と④の山／谷を交換、2 種類の折り畳み可能(折り畳みの表裏則)、(c)～(e)紙を折り重ねて短冊にした後、折り重ねた状態で平行に折り畳み

(b) 節点で折り畳むための条件

4本の折り線を折り畳むと、折り線で表と裏が交互に現れる [**図 3.9**(b)参照]。紙には表と裏しかないことから、平坦に折り畳むためには節点で合流する折り線の数は偶数でなければならないことが分かる[**図 3.8**(a)の直線②は 2 本と考える]。角度を**図 3.9**(a)のように定義しこれを折り畳むと**図 3.9**(b)のようになり、$\alpha - \beta = \delta - \gamma$ が成り立つことが分かる。$\alpha + \beta + \gamma + \delta = 360°$ であるから

$$(\alpha + \gamma) = (\beta + \delta) = 180° \tag{3.1}$$

を得る。これは**図 3.9**(a) で 4 つの中心角を1 つ飛びに足すと 180°(補角条件)、すなわち、裏の部分と表の部分を個別に合算した角度が等しいことを示す。**図 3.9**(a) の展開図が 1 節点 4 折り線法の基本折り線図となる。1 節点 4 折り線の基本図を**図 3.9**(c) のように左右から貼り合わせると、左右の半平面が個別に折れる。これら 2 つの節点を合体させると**図 3.9**(d) の 1 節点 6 折り線になる。

1 節点 6 折り線の場合も 6 個の中心角を1 つ飛びに合算して 180° になるとき折り畳むことができる。

(c) 折り畳み法の拡張

図 1.4 で簡単に述べた、著者がよく使う方法を別の例を用いて再記する。**図 3.9**(a)の基本の折り畳み形の谷折り線③と山折り線④の山／谷を交換すると別の形で折り畳まれる[**図 3.10**(a)(b)]。これを著者は折り畳みの表裏則と名付け、新しい折り畳み模型を考える際に頻繁に用いている。この例を以下に示す。**図 3.10**(c)(d)のようにコピー用紙を 4つ折りにし、これを折り重ねて一体にして平行の折り線 4 本で折る(重ね折り)と、**図 3.10**(e)のようになる(表の折り畳みとする)。これを平面に戻して、一部の折り線を山から谷折りに換えると、山／谷折りの変換を行う必要が生じ、結果、(ほぼ)自動的に裏の折り畳みにあたる**図 3.10**(f)が得られる。これは最も簡単な基本の平面折り(ミウラ折り)であ

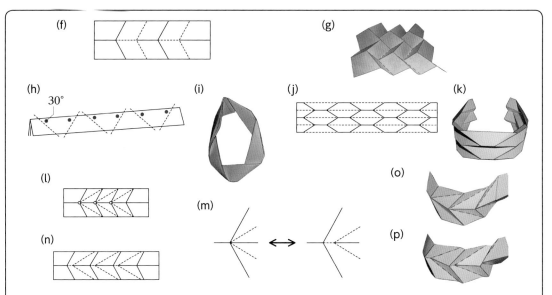

図 3.10（続き）　(f) (g) 元の平面に戻し折り直し（表裏則）、(h) (i) 折り重ねて短冊にし、方向を交互に折って輪っかを作成、(j) (k) 折り直したときの展開図と模型、(l) 図 (f) の展開図の平行 4 辺形に対角線を追加、(m) 追加して得た 1 節点 6 折り線図を 1 節点 4 折り線図に分離、(n) 分離後の折り線図、(o) (p) 展開図 (l) (n) に対応する折り畳みの様子

る［**図 3.10** (g)］。

　図 3.10 (h) のように 4 つ折りした短冊を、上下辺と 30°になるよう反対方向に 6 回折ると、**図 3.10** (i) のように 6 角形の輪っか状で折り畳まれる。開いて折り直すと、**図 3.10** (j) (k) のような筒状模型を作る展開図になる（表裏則）。等辺の平行 4 辺形を短冊上に描いた**図 3.10** (f) に**図 3.10** (l) のように谷折りの対角線を追加すると、1 節点 6 折り線からなる展開図を得る。これは**図 3.10** (o) に示すように湾曲した形で折られる。この 1 節点 6 折り線図を、**図 3.10** (m) に示すように分離して 1 節点 4 折り線の展開図にすると**図 3.10** (n) になり、**図 3.10** (p) のようにほぼ同じ形

で折ることができる。これは 1 節点 4 折り線法によっても、湾曲した模型を作ることができることを示す。

（d）等角螺旋の組み合わせで描かれた展開図の節点での折り畳み条件[(4)]

　図 3.7 (a) は時計回りと反時計回りの対称形の等角螺旋と円弧で作られている対称型の螺旋模様である。一方、**図 3.7** (b) の反時計回りの螺旋①、螺旋②と円弧を用いると、**図 3.11** (a) のように非対称の螺旋になる。これは**図 3.7** (b) の③のように歪んだ平行 4 辺形が基本要素になり、展開能に富んだ折り畳みのできる円錐の展開図の基本形を得る。ここ

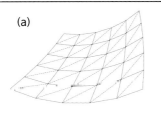
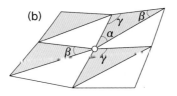
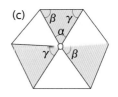

図 3.11 (a)非対称な螺旋模様、折り畳みのできる円錐の基本形、(b) (c)白丸点で折り畳み条件が自動的に成り立つ

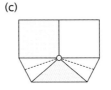
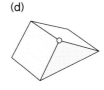

図 3.12 (a) (b) 矩形の紙箱の隅を作る際の折り線の配置(1 節点 5 折り線)と模型、(c) (d)立体の頂点を両側から谷折り線で押し込んで作る展開図と模型(1 節点 7 折り線)

で注目すべきことは、等角螺旋で作図するとき基本の図形すべてが何らかの形で相似形になることである(自己相似)。**図 3.11** (a)の一部を取り出した**図 3.11** (b)の中央の白丸点、あるいは**図 3.7** (a)から取り出した**図 3.11** (c)の白丸点には、いずれも 6 つの辺が集まり、各点周りに角度は 6 分割されている。図形を作る 3 角形は 2 つのグループからなり、それらはグループ内で互いに相似であるから、6 分割された角度を 1 つ飛びに足す($\alpha + \beta + \gamma$)と 180° になる。すなわち、自己相似性をもたらす等角螺旋を 3 本組み合わせた折り線群(1 節点 6 折り線)を用いると、節点での折り畳み条件が自動的に成り立つ。すなわち、

等角螺旋→自己相似→節点での折り畳み条件成立で検討不要

である。ここに等角螺旋を折り畳みに用いる大きな利便性を見る。

(e) 頂点の構成

折り畳みのできる折紙模型を作る場合には、すべての節点で、集まる折り線を偶数としなければならない。奇数の場合は折り畳むことはできないが、立体の頂点などを作る場合に用いられる。代表的な例は**図 3.12** (a) (b)に示す矩形の紙箱の隅を作る際の 5 折り線の場合である。黄色部分の谷折り線でこの部分を内側に押し込んで外観を整える際に用いられる。**図 3.12** (c) (d)は 7 折り線で両側から押し込む折り線図と折紙模型の例である。

【コラム】　自己相似とノーモン

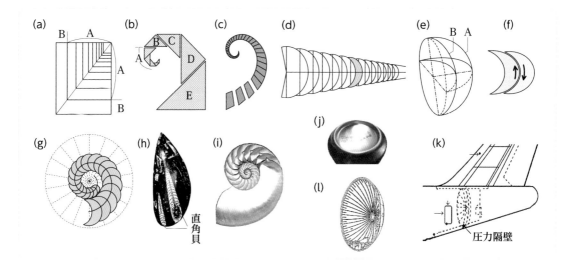

図 (a) に示すように、長方形 A に黄緑で示したL字形 B を外付けし、接合後の長方形（A＋B）が元の A と相似形になるとき、L形部分をノーモン（gnomon）と呼ぶ。この外付けを繰り返すと自己相似の形で大きくなる。また、元の長方形 A もこのような過程で大きくなったと考える。図 (b) (c) は、直角3角形と歪んだ4角形の場合で、これらは各々図 1.2 (c)、図 3.4 (f) に基づく。このような過程で硬化しながら成長するものに貝殻や動物の角などがあり、図 (b) (c) から分かるように、これらは等角螺旋と直接関連し、その模様は等比級数的に大きくなる。図 (d) のように、ノーモンを球面の一部からなる椀状の曲面〔図 (e)〕からなるとすると、図 (f) のように滑ることによって直線型の自己相似形が螺旋型のそれに容易に変化できる〔図 (g)〕。すなわち、図 1.3 で示した無理を伴う裏返す過程が解決される。直角貝〔の化石、図 (h)〕から進化したとされ、生きた化石とも言われるオウムガイ

〔図 (i)〕の進化もこのモデルにより幾何学的な障害がなかったことが推察・理解されるだろう。結果、オウムガイ（Nautilus）は、数十気圧の水圧に耐える力学的に優れた湾曲壁からなる構造を持ち、同時期に繁茂したアンモナイトが絶滅した白亜紀末の隕石衝突時にも、深海と海面を行き来して生き延びたとされる。オウムガイの多数の隔壁で仕切られた骨殻は、高圧力に耐える見事な構造になっている。湾曲隔壁の中央に細い穴があり、低圧の窒素を主たる成分とする気体の内圧を用いて水圧と対抗するとともに内圧を変化させ、個体の比重を変えて浮揚、沈降する。正に米潜水艦ノーチラス号があやかる超軽量高性能のマシーンである。このように力を曲面方向に逃がす構造的な工夫は、われわれの生活の中でも見られる。例えば、発泡して内圧が上がるビールの缶〔図 (j)〕の底も類似の形であり、また図 (k) (l) に示す航空機の後部に設けられた圧力隔壁も同じような形状になっている。

第4章　折り畳みのできる模型と形が可変な立体模型

円筒、円錐や円形膜の折り畳みモデルの開発は簡素な収納と確実な展開が要求される宇宙構造[31]、例えばインフレータブル（風船型）構造や巨大なソーラーセイル（宇宙ヨット）の設計、折り畳み可能なプラスチックボトル、各種容器などの設計にも応用できる。ここでは、力学的な拘束が弱く、容易な伸縮をもたらす螺旋状の折線を用いて折り畳みのできる模型を設計する方法を記述する[20A、21]。

4.1 円筒、円錐の折り畳みモデル[1, 2, 20A]

　平面の展開図を丸めて作られる円筒や円錐等の折り畳み模型をデザインするには、①折り線が合流する節点で平坦に折り畳まれることに加え、②作られる模型全体がきっちりと平坦に折り畳まれること、③その模型の伸び縮みが可能である（展開能を持つ）か否かなどの検討をしなければならない。第１章で述べたように、著者は②の構造全体が折り畳まれる条件を円周方向に閉じる条件[1]と名付け、折り畳み構造の開発・創成を解析も含めて検討してきた。

　本章では、折り畳みの全体像を大まかに把握するため、最初、軸圧縮と捩り座屈の実験結果を取り上げる。折り畳みのできる円筒などをデザインしようとするとき、多くの技術者が最初に思いつくのは座屈の知見の収集・応用ではないだろうか？　座屈とは工業材料製の円筒などが軸方向に圧縮されたとき瞬時にグシャと潰れたり、上端あるいは下端から折り畳まれるように潰れることをいう。瞬時にグシャと潰れるまでを弾性座屈、ゆっくり押し潰される過程を塑性座屈と言い、ここでは後者の場合を考える。

(a) 塑性圧縮座屈試験[20B]

　塑性座屈試験で薄い塩ビ管が正３角形状で折り畳まれた模様と下面の様子を模式化し**図4.1**(a)(b)に示す。塩ビ材は形状記憶材料であるため、熱湯に浸すと数秒で**図4.1**(a)のように折り畳まれた状態から**図4.1**(c)のように折り目の痕跡を明瞭に残して（おおよそ）元の円筒形状に戻る。折り目部分は大きく伸びたことの証左であるクレージングと呼ばれる白化線で作られている。引き戻した円筒を切り開くと**図4.1**(d)のようになっている。ここには２等辺３角形状からなる典型的な対称形のパターンが見られ、これが折り畳みの展開図の１つの基本形になることを示唆する。しかしながら、上述したように塩ビ管は

折り目部分で局所的に巧妙に大きく伸びることで折り畳まれており、伸びることができない紙等の材料では、いくらうまく圧縮してもこのような折り畳みはできない。薄い円筒（PET製）の場合には概略正４角形状で折り畳まれる[**図4.1**(e)]。これらの結果を参考に対応する展開図を作ると、それぞれ**図4.1**(f)(g)のようになり、折り畳みが３角形状[$N = 3$、**図4.1**(a)]のときには２等辺３角形の底角 α は30°、４角形状[$N = 4$、**図4.1**(e)]の場合は22.5°である。すなわち $\alpha = 180° / (2N)$ とすることで対称型の折り畳み線図を描くことができる。

　塩ビ製の円錐殻の折り畳みの様子は**図4.1**(h)のようになり、その展開図と折紙模型は

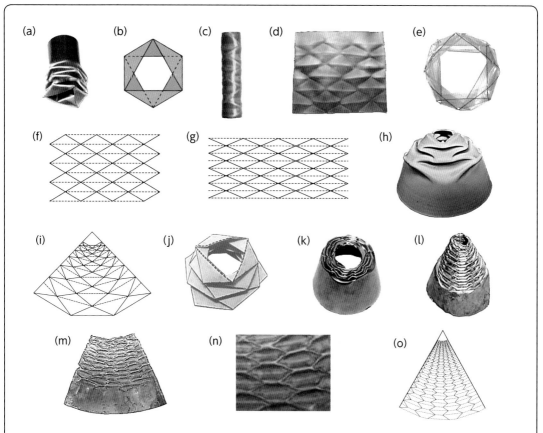

図 4.1 (a)(b) 圧縮座屈で得た塩ビ管と折り畳み後の下面の様子、(c)(d) 熱湯に浸して元に戻した様子とこれを長手方向に切断して平面化した試料、(e) PET製の極薄円筒の座屈後の様子 (4角形状での折り畳み)、(f)(g)図(b)(e)に対応する展開図 (2等辺3角形の底角；30°、22.5°)、(h)～(j)塩ビ製の円錐殻の折り畳み、対応する展開図と折紙模型、(k)薄肉銅板製の円錐台形状殻の座屈、(l)薄肉銅板製の円錐台殻の座屈後引き伸ばし、(m)(n) 解体、平面化した試料とその一部分の拡大図、(o) 3角形要素を引き伸ばした台形要素で構成された座屈模様の展開図

図 4.1 (i)(j)のようになる。薄肉の銅製の円錐模型の座屈の様子は**図 4.1** (k)のようになる。高温下で引き伸ばした後 [**図 4.1** (l)]、切り開いたものが**図 4.1** (m)(n)である。**図 4.1** (n)は**図 4.1** (m)の一部分の拡大図で、この角錐殻の展開図は**図 4.1** (o)のような3角形要素を引き伸ばした台形要素で構成されている

ことが分かる。

なお、円筒の折り畳み模型として度々引用されるヨシムラパターンは、**図 4.1** (f)で3角形の頂角を90°にして弾性座屈の強度評価に用いられたもので、折り畳むことはできず、それゆえ、ここで述べた折り畳み様式とは直接関連しない。

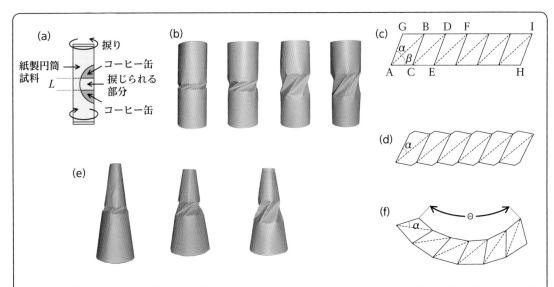

図4.2 紙製試料の捩り座屈、(a)紙製円筒に空缶を2つ挿入、中央部に長さ L の隙間を設定後、上下を摑んで捩り試験、(b) L を変えて得た捩られた試料の皺の様子、(c) (d)捩り試験で生じた皺を引き伸ばした模様を模式化した図、(e)円錐形の試料の捩り試験後の様子、(f)模式化した展開図

(b) 紙の捩り座屈試験

市販の空き缶(外径 D)がぴったり入るよう紙で円筒を糊付けして製作し、**図4.2**(a)に示すように、空缶を円筒の上下に挿入した後、中央部に長さ L の隙間を設ける。両手で上下部分をしっかり摑み、少し引っ張り気味にして捩ると、隙間部分は捩られて折り畳まれる。**図4.2**(b)に中央部の長さ L を変化させたときの捩り座屈の様子を示す。試料を解体すると、$N = 7 \sim$ 十数個の皺が生じていることが分かる。皺の数 N は L が大きくなると減る傾向にある($L < D$)。皺を模式化すると、**図4.2**(c)(d)のような平行4辺形あるいは平行6辺形が並んだ展開図になる。

円錐殻の捩り試験は、缶に代えて、例えば、ボール紙のような厚紙を用いて頑丈な円錐台を2個作り、これらを用いて円筒と同様に行うことができる。試験で得た試料の様子を**図4.2**(e)に示す。これより、皺の形は歪んだ4辺形が円弧状に連なった形で模式的に表される[**図4.2**(f)]。

これらの捩り試験では、得られる皺の形状は**図4.2**(c)(d)および(f)に模式的に示すように、すべての4辺形が同じ大きさになることはほとんどない。これらの寸法を揃えたり、生じる個数を所望する数にするためには、円形の空き缶に代えて正多角形の筒などを用いる必要がある。この実験法に手を加えた手法を**付録5**で述べる。

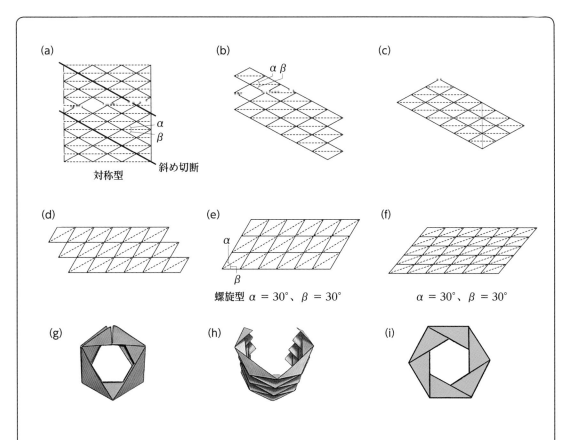

図 4.3 (a)圧縮座屈で得られた展開図の斜め切断、(b) (c)切断で得られる展開図（$\alpha = \beta = 30°$）、(d)(e)捩り座屈の展開図、(f) $\alpha = 30°$、$\beta = 20°$の展開図、(g)(h)図(a)の折り畳み、伸ばすと左右端離反、(i)図(e)の折り畳み

(c) 2種の座屈の展開図の関連と折り畳み可能な円筒の展開図の作成[(1)]

圧縮座屈で得られた基本の展開図〔**図 4.1**(f)〕を**図 4.3**(a)のように右下がりの太線で斜め切断すると、**図 4.3**(b)あるいは**図 4.3**(c)、すなわち**図 4.3**(d)あるいは(e)が得られる。これらの図は捩り座屈で得られた**図 4.2**(c)を積み重ねたものと同じである。以後、圧縮座屈で得られた**図 4.3**(a)に基づく

ものを対称型、捩り座屈で得られた**図 4.3**(e)に基づくものを非対称型の螺旋模型と呼ぶ。対称型の展開図を折り畳むと**図 4.3**(g)のように6角形状に折り畳まれるが、引き伸ばすと**図 4.3**(h)のように左右端が離れ、元の平面に戻る。これでは折り畳んだ**図 4.3**(g)の状態で左右端を糊付けすると伸びないため、折り畳み構造として不可である。一方、**図 4.3**(e)の螺旋型の模型は**図 4.3**(i)のよう

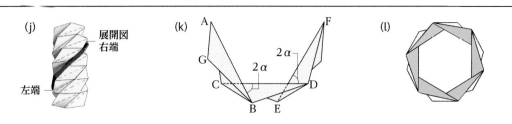

図4.3（続き）（j）引き伸ばし時、左右端を糊付け可能、（k）図4.2（c）の平行4辺形3個分の折り畳みの状況、（l）α = 30°、β = 20°の模型〔図4.3（f）〕の折り畳み時の上面の形状

に折り畳まれ、引伸ばした状態〔図4.3（j）〕でも左右端を糊付けできる。これより、後者の非対称の螺旋構造は伸縮可能な展開能に富んだ構造であることが分かる。

　図4.2（c）の展開図の平行4辺形6個のうち3個分を折ると、図4.3（k）のようになる。図中、図4.2（c）の対角線AB、CD、EFは角度2α ずつ回転していることが分かる。6個分すべて折ったときの回転角2α×6が360°、すなわち、α = 30°のとき、展開図は図4.3（i）のように環状に閉じるように折られ、〔図4.2（c）の〕左辺AGと右辺HIが完全に一致して平坦に折り畳まれる。α を30°にすると、β 値が30°以外の角度、例えば図4.3（f）のように β = 20°の場合であっても閉じて折り畳まれる〔図4.3（l）〕。このような螺旋型の折り線の場合には、N を水平方向の要素数として

$$\alpha = 360° / (2N) \tag{4.1}$$

を選ぶと、閉じる条件が満たされ平坦に折り畳まれる（β とN は任意に選択可）。以降、この閉じる条件を満たす角度 α を折り畳みの支

配角と呼ぶ。この方法で作られる折り畳み型の円筒模型は伸縮する際、紙の微小な伸縮によるひずみを伴うことが示されている[20B]。模型の伸縮のしやすさは角度 β で変わる。展開能は、生じるひずみを力学的に評価しなければならない。折り線をトラス部材で置き換えた解析では、正6角形状で折り畳む場合には β が30°より少し大きい35°の選択が、展開能の点からベストであった。

（d）螺旋型の折り畳み円筒[1, 5]

　前節で述べた方法で作った模型を示す。捩り型の6角形状で折り畳む概略円筒の、基本形の展開図と模型を図4.4（a）に示す。図中の平行4辺形6個を並べた展開図は各段で独立に折り畳まれるから、段ごとに逆方向に配置した展開図〔図4.4（b）〕でも同様の挙動になる。この模型も螺旋の特性を100%保持し、これを反転螺旋型の折り畳み、前者を順螺旋型の折り畳みと呼ぶ。順螺旋の模型の上部は一方向に回転しながら折り畳まれるが、反転型の場合には段数を偶数にすると上端は回転

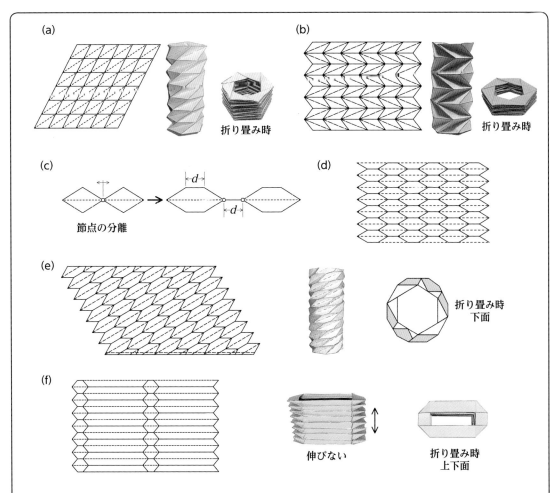

図 4.4 (a)伸縮可能な(概略)円筒の基本形の展開図と模型（$\alpha = \beta = 30°$）、(b)反転螺旋型の展開図と模型（$\alpha = \beta = 30°$）、(c) 6 折り線の節点を 4 折り線の節点 2 つに分離、(d)節点分離によって得た算盤玉形の要素による展開図〔図 4.3 (a)ベース〕、(e)対称型展開図(d)の斜め切断(水平方向と 30°)による螺旋型展開図とその模型、(f)矩形状に折り畳む対称型展開図と模型

しない優れた特性を持つ。

　図 4.1 (f)の対称型の展開図の 6 折り線からなる節点を**図 4.4** (c)のように分離すると、平行 4 辺形が算盤玉形状になった**図 4.4** (d)を得る。**図 3.10** で述べたように、このような折り線の分離で閉じる条件などの特性が失

われることはない。展開機能が欠如するこの対称型の展開図を、30°で斜め切断して谷折り線を螺旋状にしたものとその模型を**図 4.4** (e)に示す。**図 4.4** (f)は矩形状の筒を折り畳む展開図と模型で、**図 3.10** (j)の重ね折りの手法でこの展開図は作られている。展開能を

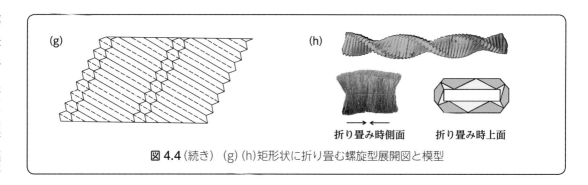

折り畳み時側面　　折り畳み時上面

図4.4（続き）（g）（h）矩形状に折り畳む螺旋型展開図と模型

持った折り畳み構造にするため、斜め切断して作られた展開図とねじり飴型の模型の側面と上面の様子を**図4.4**（g）（h）に示す。上述の例から分かるように、重ね折り法で得られた対称型の展開図と斜め切断法を組み合わせることで、展開能に富む非対称型の螺旋構造の展開図を自由にデザインできる。本章の後半でこの斜め切断法を多用する。

(e) 折り畳みのできる円錐 [2、6]

折り畳みができる円錐殻の展開図の作図法を**図4.5**（a）を用いて述べる［**図4.2**（f）を参照］。円グラフ（中心 O）を用意し、円の外周部に角度 θ ごとに点 A、B、C … を N 個定める。点 A から線分 AB と角 β をなす線分 AE を引く。点 B から線分 BC と角（$\alpha + \beta$）となる線分 BE を引く（点 E はこれら 2 つの線分

【コラム】 折り畳みのできるペットボトルの試作・開発

写真で示したペットボトルは、10 年以上も前に大手の飲料メーカーとともに試作したものである。円筒の折り畳み手法を用い収縮も容易で大きな問題もなく、折り畳みの技術的観点からは、ほぼ最高クラスの出来栄えであったと記憶する。2011 年の震災を境にして、なぜかこの製作プロジェクトは急速に頓挫した。ただ、変形が容易すぎるため P L 法や輸送時の問題点などが課題となったと記憶している。何はともあれ、このような容器の実現は研究を始めたときからの目的の 1 つであり、今後の利用の拡大も見込めると考えるため、わが国の産業界でできるだけ早く実現されることを強く希望している。

の交点）。角 α と β を与えると、点Eの半径 r と $\angle \mathrm{BOE} = \theta^*$（振り角と名付ける）が定まる。これらを用い、半径 r の円弧を描いて点D、E、F…を定め展開図の1段を描く。2段目以降は上で得られた r を用い r^2、r^3 の円弧を描き、振り角分だけずらしながら中心に向けて打点する。得られる曲線は等角螺旋になる。ここで、折り畳みの支配角 α は展開図の頂角 Θ（$= N\theta$）を考慮して、次式で得た角度とする。

$$\alpha = (360° - \Theta)/(2N) \tag{4.2}$$

円筒の場合と同様に、角 β は自由に選択できる（$\Theta = 0$ のとき円筒）。**図4.5**(b)(c)は1段分が折り畳まれる様子である。**図4.5**(d)は $N = 6$、$\Theta = 60°$、$\alpha = 25°$、$\beta = 25°$ とした展開図、**図4.5**(e)はその模型と折り畳まれた様子である。上の振り角 θ^* を段ごとに逆にして配置を繰り返すと、反転螺旋模型の展開図［**図4.5**(f)］になる。模型と折り畳み後の様子を**図4.5**(g)に示す。

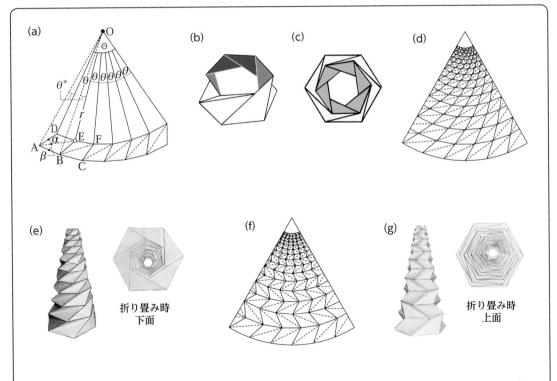

図4.5 (a) 外周上に点を N 個設定、$\alpha = \angle \mathrm{DAE} = \angle \mathrm{EBF} = \cdots$、$\beta = \angle \mathrm{EAB} = \angle \mathrm{FBC} = \cdots$、$\alpha + \beta = \angle \mathrm{DAB} = \angle \mathrm{EBC} = \cdots$、半径 r と θ^* を決定、半径 r、r^2、r^3 の円弧を描画、(b) (c) 1段分の折り畳みの様子、(d) (e) 順螺旋による展開図と模型、(f) (g) 反転螺旋による展開図と模型

4.2　3重螺旋を用いて螺旋型折紙の変遷を見る

　螺旋模様の折り畳みのできる折紙模型は造形的な面白さに富むうえ、2重螺旋、3重螺旋はDNAやコラーゲンなどの構造を摸擬できるなどの学術的意味をも有している。ここでは捩る形で折り畳む模型創作の変遷をたどる。図4.6(a)は正3角形状に折り畳む古典的な折紙の展開図と模型である。展開図は長方形を基にし、それらの対角線を谷折り線にしたものである。図4.6(b)(c)は平行4辺形の要素を用いたもので、このような螺旋型の折り畳み線図を用いN角形に折り畳むときには折り畳みの支配角αとして$360°/(2N)$を用いる。前者を第Ⅰ世代、後者を第Ⅱ世代とすると、第Ⅰ世代のものは折り畳まれたとき中心部に穴が開くことがない。このため、折り畳み途中に折り畳まれた谷折り線どうしが

突き当たり、紙に厚さがあると折り畳むことができない。それゆえ、この折り畳み模型をものづくりに応用することは、ほぼ不可能であると考えられる。

　異なる形の3重螺旋の模型を斜め切断法により作る。図4.6(d)のように短冊を長手方向に3等分し、$\beta - \gamma = \alpha$が$60°$になるよう角度βの山折り、γの谷折り線を3組設けると閉じる条件$2(\beta - \gamma) \times 3 = 360°$が満たされ、図4.6(e)のように折り畳まれる。この短冊状の折り線図を積み上げたものが図4.6(f)である。これを斜め切断すると図4.6(g)を得る。図4.6(h)は展開図を分離したもので、貼り合わせ後、斜め切断すると図4.6(i)の折り畳み模型を得る。これを第Ⅱ世代の変形型と考える。

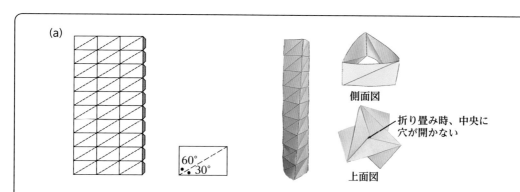

図4.6　(支配角$\alpha = 360°/(2N)$（$N = 3$、N；水平方向の要素数）、(a)長方形の要素で作られた展開図と模型（第Ⅰ世代）、折り畳み時、中央に穴なし（伸縮困難）

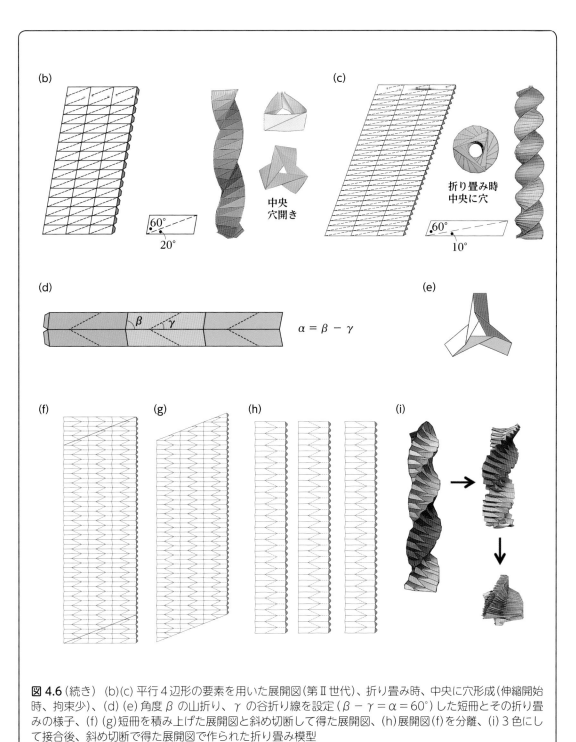

(b)

60°
20°

中央
穴開き

(c)

折り畳み時
中央に穴

60°
10°

(d)

β　γ

$\alpha = \beta - \gamma$

(e)

(f)　(g)　(h)　(i)

図 4.6（続き）　(b)(c) 平行 4 辺形の要素を用いた展開図（第 II 世代）、折り畳み時、中央に穴形成（伸縮開始時、拘束少）、(d) (e) 角度 β の山折り、γ の谷折り線を設定（$\beta - \gamma = \alpha = 60°$）した短冊とその折り畳みの様子、(f) (g) 短冊を積み上げた展開図と斜め切断して得た展開図、(h) 展開図(f)を分離、(i) 3 色にして接合後、斜め切断で得た展開図で作られた折り畳み模型

4.3　長方形断面の筒の捩り折りによる2重螺旋の模型

　ワトソンとクリックが示したDNAの2重螺旋を摸擬できる折り畳みモデルの創作は、著者が研究を始めたころからの大きな目的の1つであった。これを実現するためには、**図4.4**(a)で等分配されている平行4辺形の水平方向の辺の長さに長短をつけて長方形の断面状で折り畳む必要があった。このように不等分配した展開図を用いると、節点での折り畳み条件が必然的に満たされなくなり、折り畳みが不可能になる。これを克服するため、平行4辺形をジグザクに配置する手法を用い、折り畳み条件を満たす角度を数値計算で算出し模型を作った[5]。その後、この模型の設計が非常に簡単にできる簡便法を見出した。以下、この方法とそれによる製作の例を述べる。**図4.7**(a)に示すように、長さの異なる平行4辺形を対とし、これを2対組み合わせたものを展開図の基本図とする。**図4.7**(b)はこの短冊が折り畳まれる様子を示したものである。短冊を2段積み重ねた**図4.7**(c)で角度を図のように定めると、中央の白丸点での折り畳みの条件は、この点周り1つ飛びの角度の和が180°(補角条件)になることより、

$$\alpha_2 + \beta_1 + (180° - \alpha_2 - \beta_2) = 180°$$

$$\tag{4.3}$$

で表される。これより折り畳み条件は次式で与えられる。

$$\beta_1 = \beta_2 \tag{4.4}$$

　黒丸の点でも同じ関係式を得る。閉じる条件は次式で与えられる。

$$2(\alpha_1 + \alpha_2) \times 2 = 360°$$
$$\alpha_1 + \alpha_2 = 90° \tag{4.5}$$

　以下に式(4.4)(4.5)を満たす2つの例を示す。**図4.7**(d)は$\alpha_1 = 60°$、$\alpha_2 = 30°$、$\beta_1 = \beta_2 = 30°$とし、これらを1段として積み重ねると**図4.7**(e)を得る。これより、**図4.7**(f)のような模型が作られる。**図4.7**(g)は$\alpha_1 = 60°$、$\alpha_2 = 30°$、$\beta_1 = \beta_2 = 20°$の例であり、**図4.7**(h)の展開図になる。この展開図より、**図4.7**(i)のような模型が作られる。これらの折紙模型は大きな抵抗もなく収縮・伸展する。上述の2つの模型の相違は折り畳まれるときの長方形の長辺と短辺の比にあり、後者の方がこの比が大きいため、より2重螺旋のように見えると考えられる。この折り畳み模型の作り方を仮に第Ⅲ世代と呼ぶことにする。**付録4**でこのような模型の実際の作り方を述べる。

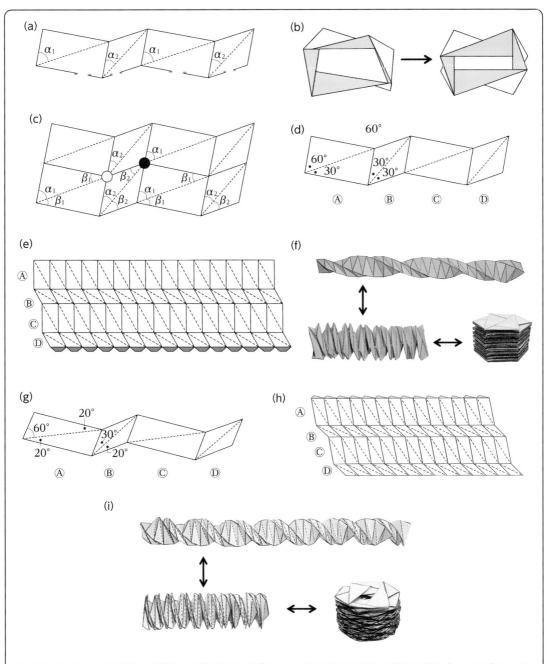

図 4.7　DNA の 2 重螺旋を摸擬する折り畳みモデル、(a) (b) 異なる平行 4 辺形を組み合わせて作られるジグザグの展開図の基本形とその折り畳みの様子、(c) 角度の定義、(d) ～ (f) 展開図の基本図形の例 (模型 No.1；$\alpha_1 = 60°$、$\alpha_2 = 30°$、$\beta_1 = \beta_2 = 30°$)、基本図形を積み重ねた展開図と折紙模型、(g) ～ (j) 展開図の基本図形の例 (模型 No.2；$\alpha_1 = 60°$、$\alpha_2 = 30°$、$\beta_1 = \beta_2 = 20°$)、展開図と折紙模型の様子

4.4　円錐形状の2重、3重螺旋の模型

円錐形の2重螺旋や3重螺旋も同様に設計できる。ここでは**図4.6**(c)の筒に対応する3重螺旋の例として最も製作の容易な模型を**図4.8**(a)(b)に示す。ここで支配角 α （図中●）は式(4.2)に従って求めている。DNAの2重螺旋模型に対応する円錐模型の展開図と

模型を**図4.8**(c)(d)に示す。この展開図は節点での折り畳み条件と閉じる条件を与えて数値計算で求められたものであり、**図4.7**で示したDNA螺旋を模した折紙模型のように簡素な形でのモデル化は未だなされていないと考えている。

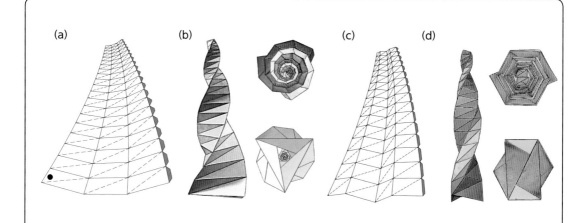

図4.8 正3角形と長方形断面の角錐形状の筒を作る展開図、その折紙模型と折り畳み時の上面、下面の様子、(a)(b)3重螺旋、(c)(d) DNAの2重螺旋模型をベースにデザインした捩り模型

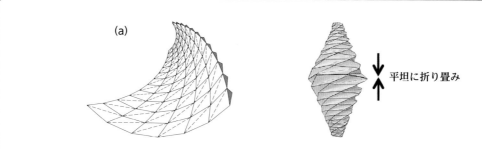

図4.9 円錐を対称に貼り合わせて作った折り畳みのできる模型(正6角形で近似)、(a)頂角90°、順螺旋

4.5 円錐／角錐体等の組み合わせによる折り畳みの できる模型

頂角 90°、180°、240° の展開図で折り畳みのできる円錐を作り、同じものを底面で 2 個対称に貼り付けて作った模型の展開図（片方）と模型を**図 4.9** (a) (b) (c) に示す。図は正 6 角錐形状で、順螺旋と反転螺旋の角錐の展開図とそれを用いて作られる提灯型の折り畳み模型で、単体と同じように折り畳まれる。

異なる頂角の円錐／角錐を 2、3 個組み合わせることで作られる立体模型の例を**図**4.10 に示す。貼り合わせるため、底面の正多角形の角数と寸法を調整するだけである。造形性に富む作品が容易かつ自由にデザインでき、模型作りに手間がかかるが創作の可能性は無限である。例えば、**図 4.10** (d) の折り畳みのできる（概略）楕円球は 3 種類の角錐（水平線で表示）を接合して半球分を作り、これを 2 個貼り合わせて作られている。

上述の貼り合わせの手法を異なる形で行う

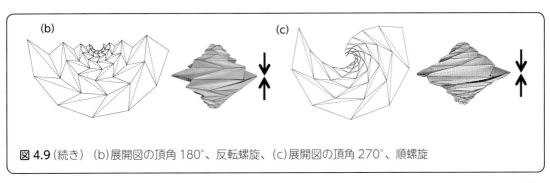

図 4.9（続き）　(b)展開図の頂角 180°、反転螺旋、(c)展開図の頂角 270°、順螺旋

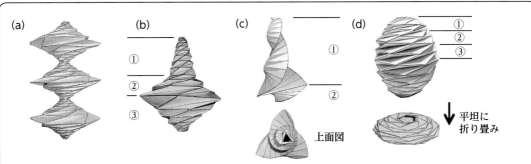

図 4.10　同じ角錐や頂角の異なる形状の角錐を接合して作られる平坦に折り畳みのできる製品の例〔(b) (d) ; 2、3 種類の異なる頂角の円錐を接合〕

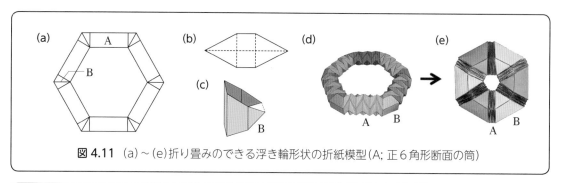

図 4.11　(a)〜(e)折り畳みのできる浮き輪形状の折紙模型(A; 正 6 角形断面の筒)

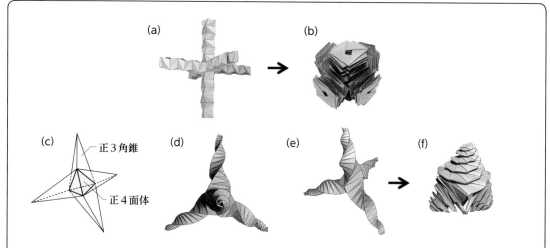

図 4.12　(a) (b)十文字状に交差する筒の模型(正方形断面筒)とその折り畳み、(c)〜(e)正 3 角錐の底面部で正 4 面体を作るよう貼り付けて作られたテトラポッド、折り畳み模型の上面と側面の様子、(f) 正 4 面体の 4 面上に折り畳み収納される模型

と種々の模型がデザインできる。折り畳みのできる正 6 角形断面の筒を**図 4.11** (a)の A 部に、**図 4.11** (b)を折って作られる**図 4.11** (c)に示すパーツを頂点の B 部に配置して接合すると、**図 4.11** (d)に示すような浮き輪状の模型が作られ、**図 4.11** (e)のように効率よく収納される。

　図 4.12 (a)は折り畳みのできる正方形断面の筒 6 個をそれらの端部が立方体を作るように接合した折り畳み模型で、6 本の枝部は立方体を作るように折り畳まれる〔**図 4.12** (b)〕。正 3 角形断面の角錐を 4 個用い、正 3 角形の底部を**図 4.12** (c)のように正 4 面体を作るように配置して接合すると、**図 4.12** (d) (e)のようなテトラポッド状の折紙模型になり、**図 4.12** (f)のように正 4 面体上に収納される。これは正 4 面体型の星型多面体の折り畳み模型でもある。

4.6 造形美と機能に優れた製品製作への応用[(34)]

　折紙の面白い造形性を建築構造やペーパークラフト等のデザイン設計に取り入れようとする流れがある。数理的に造形された無機質とも思える折紙構造が、デザイナーの手により輝きを放つことが期待される。著者が折り畳み構造として開発し、本章で述べた基本モデルが、三宅一生とリアリティ・ラボにより芸術性が付与され、新たな形に変貌している（図4.13）。陰翳 IN-EI ISSEY MIYAKE と名付けられた照明器具で、リアリティ・ラボが発想し、デザインおよび開発を行った。ここでは再生 PET の不織布を採用したことで、LED 光が柔らかな光となった。折り線部にはラボが持つ溶着技術が駆使されて構造強化がなされ、骨なしで安定な構造が達成されている。技術的な観点からみても余分なものが排除され、結果、耐久性が大きく確保されたと思われる。折り畳み機能を備えており、様々な観点からエコに配慮が施されている。これはイタリアを代表する照明メーカー、アルテミデから世界に向けて販売が開始されている。用いられた構造は正4角筒、3角筒、6角錐殻の折り畳みモデルであり、それらはミノムシ、タツノオトシゴなどと名付けられている。

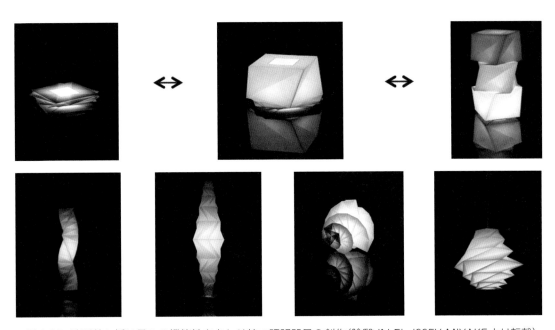

図4.13 造形美と折り畳みの機能性をあわせ持つ照明器具の創作（陰翳 IN-EI、ISSEY MIYAKE より転載）

4.7 円形の平面膜の巻き取り収納モデル

アルキメデスの螺旋や等角螺旋状の折り線を用いて円形膜、およびこれを基に作られる円錐形状膜を巻き取り収納する方法を述べる。この収納法は折り畳みのできる製品を創出することや深宇宙の探査用に期待される、太陽光で推進する宇宙ヨット（ソーラーセイル）の帆などの宇宙構造の基本デザインを提案することを目的として考案された。この折り畳み法は、服飾品など想像だにしなかった分野で応用がなされた。このような折り畳み収納法は数理的に定式化したため、ほぼ、どのような要求にも応えられる状況にあると考えている。

アルキメデスの螺旋を用いた収納法[20A]ではハブの周りに積み重ねて巻き取られるため、用いる素材は薄い膜の使用に限定される。等角螺旋の場合には、（中心部を除いて）ゆったりと巻き取られるため特段の制限はないと考える。

(a) アルキメデスの螺旋の修正型を用いた円形膜の巻き取り収納モデル

図 4.14 (a) に示すように中心に正 N 角形（図は $N=4$）のハブを設け、その頂点（コーナー）から、略放射状の山折り線①と谷折り線②を、それぞれ 1 本を対として 4 対設ける。図のように折り線①と②がなす角を β とする（谷折り線②とハブの辺がなす角；α）。ハブの頂点からハブの辺に対して角度 γ で折り線をスタートし、時計回りの方向に螺旋状の折り線③を引く。この折り線③を略放射状の折り線①、②と交叉するごとに常に対称になるように描く（この螺旋状の折り線③は①、②と交叉するごとに山、谷折りを交互に入れ替える）。このとき、折り線③が図 4.14 (b) のようにアルキメデスの螺旋状になるため、アルキメデスの螺旋折りと名付けている。図

4.14 (b) ～ (f) のように、ハブの周りに巻き取るための条件は著者によって定式化されている[20A]。この条件は上述の角 β と γ が

$$\beta + \gamma = (1 + 2/N) \times 90° \qquad (4.6)$$

を満たすよう選ぶことである（角 α は自由に選べる）。角度 β、γ と α などの組み合わせを選ぶことで、ハブ面に対して上下対称に、あるいは下方に、裾広がりにあるいは先細りに巻き取る模型を自由自在に設計できる。図 4.14 (b) は上下対称に巻き取るもの、図 4.14 (c) は非対称に少し下方に巻き取るもの、図 4.14 (d) は下方に末広がりでコップ状に巻き取ったものである。図 4.14 (e) は底に少し凹みを持たせて底部分を強化したものである。図 4.14 (f) は外周部を整形した例である。図 4.14 (g) に示すようにハブを正

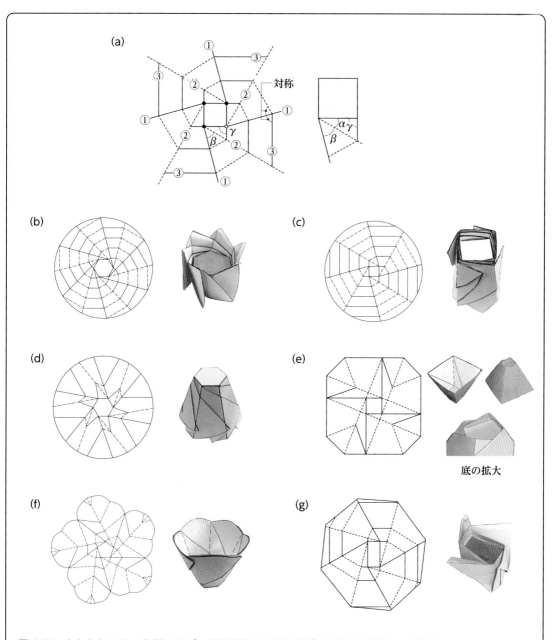

図 4.14　(a)中央に正 4 角形のハブ、略放射状の山折り線①と谷折り線②を 4 対設定、角 β、γ、α の定義（巻き取り条件；$\beta + \gamma = (1 + 2/N) \times 90°$、$\alpha$；角度の選択自由、$N$；ハブの多角形数、本例；$N = 4$）、時計回りの螺旋状の折線③を設定、(b)上下対称に巻き取り、(c)非対称に下方に巻き取り、(d)下方末広がりで巻き取り、(e)底部分を強化、(f)模型の外周部分を整形した例、(g)ハブを正方形から長方形に変換

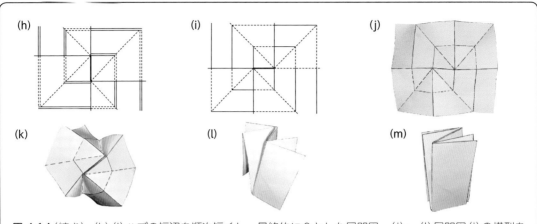

(h) (i) ハブの短辺を順次短くし、最終的に0とした展開図、(j)～(l) 展開図(i)の模型を捩る形で折り畳む様子、(m)平坦に折り畳み

図 4.14（続き）

方形から長方形に換えても、**図4.14**(a) を描いたときと同じように巻き取り模型のモデル化を行うことができる。このハブの短辺を短くすると、**図4.14**(h) の展開図となり、ゼロにすると**図4.14**(i) の展開図が得られる。これを折ると**図4.14**(j)～(l) を経て**図4.14**(m) のように平坦に折り畳まれる。

なお、円筒などをジグザグ状に上方から折り畳むこととは異なり、この巻き取り収納法では上から積み重ねるようにして巻き取るため、何重にも重ねて巻き取ることは困難である。すなわち、厳密には、紙の厚みがハブの寸法に比して無視できる程薄い場合にのみ巻き取りできる。経験的には、展開図をA4サイズ大の寸法とすると、うまく折り畳めるのはコピー用紙の厚さ以下の場合である。なお、この膜（紙）の厚みの影響で折り畳みが困難になる場合には数理的な手立てを加えて解決せ

ねばならない〔**本節(d)**参照〕。

(b) 等角螺旋状折り線による円形膜の折り畳み収納モデルの一般化 [7]

前節で述べたアルキメデスの螺旋による方法に比し、等角螺旋を折り線とするこの方法はより数学的になることは否めない。一般的な手法の詳細は**付録3**に記すものとし、ここでは、**図4.15**(a) に示す円形を12等分（$N = 12$）した例を用い、この手法の基本の部分を説明する。図は概略半径方向で中心に向かう主の折り線と呼ぶ12本の螺旋①と、大きく湾曲して時計回りで中心に向かう副の12本の螺旋②の、2種の等角螺旋状の折り線で構成されている。円形域は折り線で形成された歪んだ相似の台形で埋め尽くされている。すなわち、すべての交点における折り線の配置は相似である。

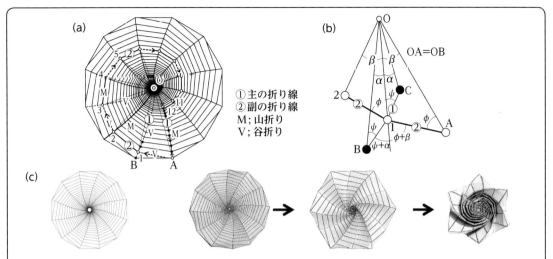

図 4.15　(a)等角螺旋状折り線による円形膜の折り畳みの基本形(12 等分、12 段上がり)、(b)図(a)の点 1 周りの拡大図、角度 α、β、ψ、ϕ の定義と図示、(c)$N=12$ の展開図と折紙模型の折り畳み収納の様子

図 4.15(b)で、折り線①の点 B、1、C…の半径は一定の比率 r で(等比級数的に)小さくなるとする。時計回りの折り線②の各点(点 1 → 12)も、比 s で同様に小さくなるものとする。折り線①上の点 B、1、C…は中心角度 α で分配され、螺旋②を形作る点 1 ～ 12 は角度 β で配置されているものとする。**図 4.15**(a)で外周部の点 A を起点に、①上の● 点を右上に 12 段上がったとき、点 A より出る時計回りの螺旋②を 1、2、3 を経て 12 個分進んだ点 12 で会合するとする。これより $12\alpha + 12\beta = 360°$ となり、$\alpha + \beta = 30°$ を得る。$\angle$ OB 1 と$\angle$ OA 1〔**図 4.15**(b) 参照〕に 3 角関数の正弦定理を用いると、$r=$ O1/OB $=\sin\psi/\sin(\psi+\alpha)$、$s=$ O1/OA $=\sin\phi/\sin(\phi+\beta)$ を得る。OA=OB

であるから、$r-s=0$ である。すなわち、

$$\sin\psi/\sin(\psi+\alpha)-\sin\phi/\sin(\phi+\beta)$$
$$=0 \tag{4.7}$$

を得る。代表点 1 での折り畳みの条件は $\angle$ C12 $+\angle$ A1B=180° より

$$(\phi+\psi)+(\phi+\psi+\alpha+\beta)=180° \tag{4.8}$$

となる。角度 α、β、ϕ と ψ が未知数である。

　例として $\alpha=1$、$\beta=29°$ を与えると、式 (4.8)より、$\phi=75°-\psi$ を得る。この関係と式(4.7)を用いると、数値計算で ψ、次に ϕ が定まる。得られた角度は $\psi\fallingdotseq 9.91°$ となり、$\phi\fallingdotseq 65.09°$、$r=s\fallingdotseq 0.9093$ を得る。この $r(=s)$ 値を用いて描いた展開図と模型

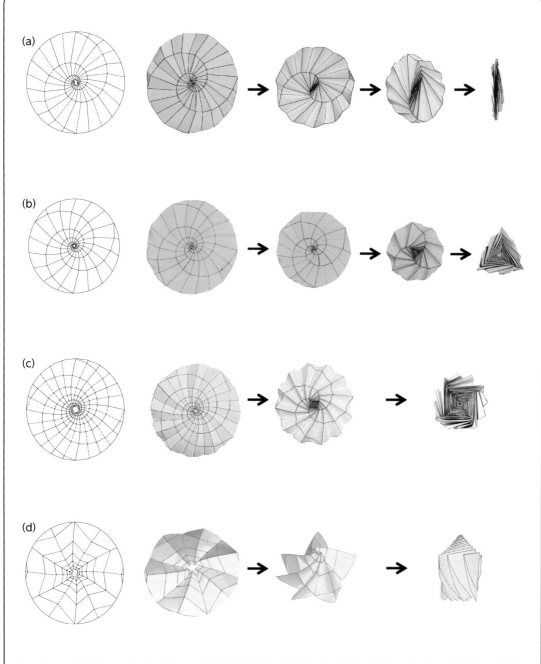

図 4.16 (a) (b) $N = 2$、3 分割し、2 角形状（平坦に折り畳み）、正 3 角形状に巻き取る展開図と模型の収納の様子、(c) $N = 4$ 分割し、正 4 角形状に巻き取る展開図と模型の収納の様子、(d) 2 分割し、副の螺旋をジグザグ状に与えて得た平坦に折り畳む展開図と中心部分が上に突き出た形で折り畳む模型

の巻き取りの様子を**図4.15**(c)に示す。

上で述べた方法を一般化した成果(**付録4**参照)を用いると、巻き取り型の折り畳みの模型を自由にデザインできる。代表的な例を以下に示す。**図4.16**(a)〜(c)は円形をそれぞれ$N = 2$、3、4分割し(①の等角螺旋状折り線をそれぞれ2、3、4本配置)、2角形(平坦)、3角形、4角形状に巻き取る展開図とそれらの折紙模型の収納の様子を示す。**図4.16**(d)は2分割し、時計回りの螺旋②をジグザ

グ状に与えて得た2角形状、すなわち平坦に折り畳む展開図と中心部分が上に突き出た形で折り畳まれる模型の様子を示したものである。巻き取り収納する多角形の辺数が多い**図4.15**(a)のような場合には主の螺旋の折り線だけをしっかりと折り、細かな間隔の副の螺旋は明瞭に折らずに補助的な折り線としてロール状に巻き取りながら収納することができる(**付録4、図A5**参照)。

【コラム】　ひまわりの小花の螺旋状配列と折り畳み模型

写真(a)のひまわりの種子の配列の模様は反時計回り34本と時計回りの21本の螺旋で作られ、21と34は連続するフィボナッチ数からなる。その数比は無限大のとき黄金比になるため、最も無理数に近い有理数比とも言われる。この模様を模した螺旋を示したものが**図(b)**で、図は反時計回りの螺旋①34本と時計回りの螺旋②21本で円形域を網目状に分割したもので、円形域は(自己)相似の矩形で充填されている。最下点Aから反時計回りの螺旋①上を34目分中心に向け進むと、点Aから出る時計回りの螺旋②上を21目進んだ点で合流するようデザインされている。時計、反時計回りの螺旋の交点で折り畳み条件を満たすように定式化したものが上述の巻き取り型の折り畳みモデルである。

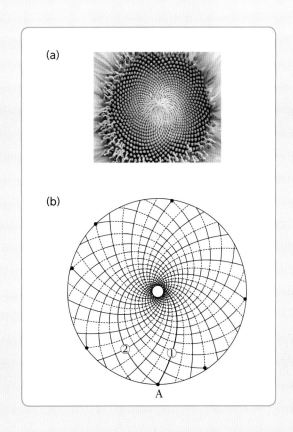

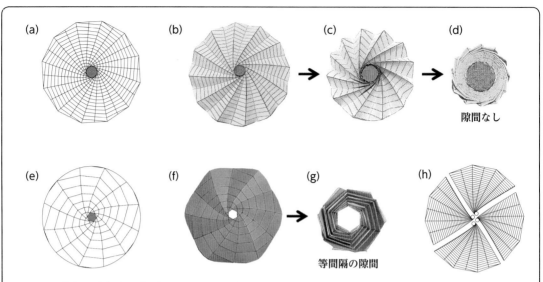

図 4.17　(a)〜(d)薄い膜を想定、厚さを考慮して数値計算で得た円形膜の巻き取り収納模型の展開図と隙間なく巻き取りされる様子、(e)〜(g)厚い膜を想定した展開図と等間隔の隙間で巻き取られる様子、(h)展開図(a)を4分割(簡易な製作用)

(c) 中央にハブを設けて巻き取る模型の製作（膜の厚さの考慮）

　直径 100 m 級の巨大膜製のソーラーセイルが考えられている。上述のアルキメデスの螺旋を用いて何重にも巻き取るとその厚みで徐々に巻き取り作業が困難になる。この課題に対処するため、素材の厚みを考慮に入れた折り畳みの解析を行った。この解析は十数年前に斉藤淳氏(現、三菱重工)とともになされた。薄い膜を想定し、膜厚 / 半径 = 0.01 として数値計算で得られたものが図 4.17(a)の展開図である。図 4.14(a)のアルキメデスの巻き取り法では直線である半径方向の折り線は等角螺旋のように少し湾曲していることが分かる。この展開図で作られた模型は図

4.17(b)(c)を経て図 4.17(d)に示すようにハブの周りに隙間なく巻き取り収納される。ボール紙のように厚い紙を想定（膜厚 / 半径 = 0.1）したときには図 4.17(e)のように放射線状の折り線はさらに湾曲したものになる。この模型を薄手の模造紙で作ると、図 4.17(f)を経て図 4.17(g)に示すように等間隔の隙間をあけて巻き取られる。図 4.17(h)は(a)を4等分したもので、付録 4(a)で述べる模型作りのための展開図である。

(d) 服飾品のデザインへの応用

　図 4.15 に示した手法でデザインされた円形膜の巻き取り収納法は世界的なデザイナーのグループによりエレガントな服飾品に変身

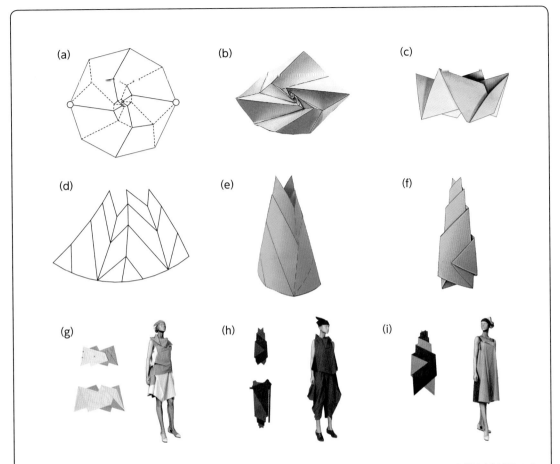

図 4.18　(a)円形膜を 2 分割し、折り線の数を極力減らした展開図、(b) (c)折り畳みの過程と折り畳みの様子〔この模型を基に作られた服飾品 (g)〕、(d)〜(f) 下方に巻き取る図 4.16 (d) を少し変えた展開図の1/6 を用いた円錐の展開図と平坦に折り畳まれる模型、(h) (i)デザインされた服飾品 (Issey MIYAKE 服飾カタログより抜粋)[35、36]

し、新たな命が与えられた。その例を以下に示す。図 4.16 (b)に示した円形の膜を平坦に折り畳む展開図と同じ考えで、円形膜を 2 分割し、折り線の数を極力減らして折り畳みしやすくデザインした展開図を図 4.18 (a)に、その折り畳みの過程と折り畳みの様子を図 4.18 (b) (c)に示す。この展開図をベースに作られた服飾品が図 4.18 (g) である。図 4.16 (d) に示した展開図と同じ考えで作られた展開図の 1/6 を示したものが、図 4.18 (d)である。この展開図より図 4.18 (e)のような円錐形状が得られ、これは図 4.18 (f)のように平坦に折り畳まれる。これをベースに作られた服飾品が図 4.18 (h) (i)である。

4.8　形が可変な立体のデザイン[19、37]

　ここでは、変形できるが平坦に折り畳む機能を持たない構造模型の例を述べる。図3.3 (a)や図3.4 (a)に示したコイルバネ状の模型を設計する例を述べる。最初、基本形として円弧状に折れ曲がる4角断面の筒状模型を図4.19 (a)の展開図を用いて製作する。展開図は、内面部（AB）はジャバラ状の折り線により折り畳まれ、外面部（CD）は折れ曲がるが伸縮しない。展開図は内、外面間を3角形状に折り線を設けてつないだものになっている。上、下辺ABとCDを糊付けして折ると図4.19 (b)を得る。図4.19 (a)を基にこれを角錐状にすると図4.19 (c)の展開図となり、その模型は平面状に巻く貝殻様の螺旋模型になる。

　図4.20 (a) (b)は図4.19 (a)を基に作られた展開図を斜め切断して得た展開図と模型の様子を示したものである。最初に述べた3次元の螺旋模様を呈するコイル状の形状になっている。このコイル形状は（円筒の）外面部を伸縮させず、内面部だけを縮めた結果もたらされるもので、内面部を縮めるほどコイルの状態は顕著になる。逆に、（折紙模型では製作は不可能であるが）内面部の伸縮を抑えて外面部を伸ばす何らかの工夫ができれば、同様の挙動を呈する機能材や模型を作ることができる。

　図4.21 (a)は図4.19 (c)を基に直線状の模型を等角螺旋状にした展開図で、螺旋状に巻く角錐等を形作ることができる。模型の様子を図4.21 (b)〜(d)に示す。これは4角錐を斜めに切断して回転させながら積み重ねて

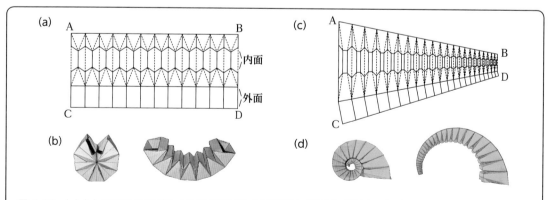

図4.19　(a) (b) 円弧状に曲がる4角形の筒状体の展開図と折紙模型(基本形)、(c) (d)角錐状にしたときの展開図と折紙模型

作られる形のもので、ラムやクズー［**図** 4.21 (e)］のように 3 次元に巻く螺旋を摸擬してデザインしたものである。

図 4.22 (a)は糸瓜の蔓が左端で棒に巻き付きコイル状になった状態を示す。最初、蔓は直線状に伸び、左の先端部の触毛で捕まえるものを感知し、しっかりと巻き付く。その後、中央に反転点を設け、その両側で互いに逆方向に巻くコイルを作りながら成長する。それ

ゆえ、反転点の左右の巻き数は同じになる。この反転は 1 方向の回転だけでは自身がねじ切れるため必然的に生じるものと思われる。

このような螺旋状の構造を摸擬するためには**図** 4.20 の模型では対応できない。ここでは、最も簡単な斜め切断法で得た正 5 角形の断面の折り畳み円筒を用いる。用いた展開図とこれで作った全体が螺旋状に少し捩れた折紙模型を**図** 4.22 (b) (c)にそれぞれ示す。

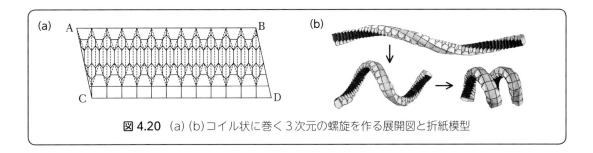

図 4.20　(a) (b)コイル状に巻く 3 次元の螺旋を作る展開図と折紙模型

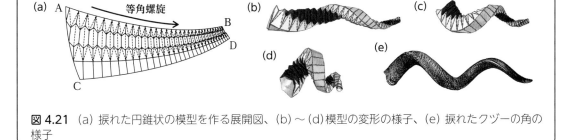

図 4.21　(a) 捩れた円錐状の模型を作る展開図、(b)〜(d)模型の変形の様子、(e) 捩れたクズーの角の様子

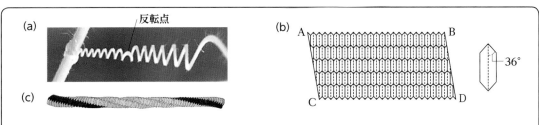

図 4.22　(a)コイル状に巻く糸瓜の蔓(中央に逆方向に巻くための反転点、両側で巻く方向が逆)、(b)斜め切断による 5 角形状断面筒の折り畳みの展開図、(c)引き伸ばされたときの筒

図4.22（続き）（d）（e）折り畳まれた状態とコイル状の様子、（f）反転点付近を摸擬した模型

図4.22（d）に折り畳んだ状態、**図4.22**（e）に円筒の片側（赤い）部分を伸びないようにし、反対側部分だけを引き伸ばしてコイル状にした状態を示す。**図4.22**（f）は最初、片側だけを引き伸ばし、次に反転点付近で逆にその反対側を伸ばした後、元の片側だけ伸ばすと反転点が作られる様子を模型で示したものである。蔓性植物はこのような局所的に成長する手法をうまく用いて複雑な形状を演出しているものと推測している。

これらの模型は構造の動作機能を調べる目的も兼ねてデザインしたもので、蔓のような複雑な動作の摸擬は困難としても、単純な動きのものについては、例えばゴムなどでこれを製作し、密封して流体圧でコイル化させることができると考えている。

【コラム】 折り畳み円筒模型の展開

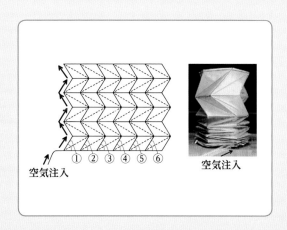

空気注入　①②③④⑤⑥

空気注入

左図は円筒を反転型螺旋で折り畳む**図4.4**（b）を基本にするもので、平行4辺形の辺長はおおよそ200 mmで、比較的大型の構造物を想定して、その展開にどのような困難があるのかを知るために模型製作と展開実験を行った。展開図の鉛直方向の6本のジグザグの山折り線部分すべてにビニール製のパイプを配し、空気圧を用いて折り畳み構造を展開し、動作が比較的容易であることを実証したときのものである[15]。

第4章　折り畳みの出来る模型と形が可変な立体模型

第5章　2枚貼り折紙

　折り畳みのできる同じ展開図、あるいはほとんど同じ展開図を裏表にして対称に2枚貼り合わせて作る折り紙、略して2枚貼り折紙について述べる。折り畳みの基本は折り線の対称性にある。折り鶴を作成して元の平面に戻すと、対称の折り線が数多く見られる。これは折り線を対称に設けると無条件に折り畳まれることと関連する(例えば、重ね折り)。折り畳みのできる立体をデザインすることは、折紙に造詣が深くても簡単なことではないが、対称に2枚貼ることで、この厄介さが一挙に解決されることが多い。これが2枚貼り折紙を推奨する基本の考えである。

　この手法によって、湾曲した筒、環状の筒などの折り畳み模型、Y字や亀の子モジュールと名付けた部品や、これらをつなぎ合わせた複雑な構造の折り畳み模型が作られた。本章では、既報の著作[16]を基に、基本の考え方、代表的模型とその後に作られたより複雑な模型について述べる。

5.1 対称2枚貼り合わせ折紙（2枚貼り折紙）の基本模型

図 5.1 (a)は最も基本的な折紙模型で、長手方向に折り畳みができる4角断面の細い管を作る展開図を示したものである。平行4辺形をジグザグに配置した折り線図AとBを表

から見て同じになるようにして上下端を貼り合わせ、図 5.1 (b)のようにジグザグの筒を作った後、図 5.1 (c)のように折り畳む。図 5.1 (d)はこの過程を模式的に表したもので

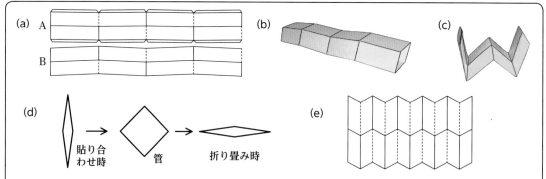

図 5.1 (a) 2枚の同じ展開図、(b)片方の上下を逆にして、展開図が見える面を表にして裏から貼り付け、(b) (c) 模型の様子とジグザグに折り畳まれる過程、(d) 折り畳まれるときの断面の変化、(e) 展開図 (a)を縦長にした場合

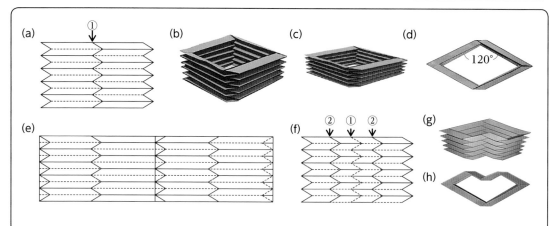

図 5.2 (a)～(d)展開図と模型の側面、斜め上から見た様子と折り畳み、(e)折り返して2枚貼りを1つの展開図で表示、(f)～(h)唇形模型の展開図と折り畳み

ある。管の状態から半径方向に押し付けると自然に折れ曲がり、管はまるで1枚の短冊を折るようにスムーズに折り畳まれる。**図5.1**(a)を垂直方向に引き伸ばし、平行4辺形の数を増やすと**図5.1**(e)のようになる。**図5.1**(e)の展開図を縦方向にさらに引き伸ばし、90°回転させると**図5.2**(a)になり、太い4角管の展開図(の片面)になる。図中の中央のジグザグの折り線①は水平方向と30°をなす。2枚貼り合わせると**図5.2**(b)の4角形断面の筒になり、**図5.2**(c)(d)のように頂角120°の平行4辺形状に折り畳まれる。折り線①を傾き45°のジグザグにすると正方形状で折り畳まれる。**図5.2**(a)を2枚貼り合わせる展開図は、中央の垂直線で折り返す**図5.2**(e)の展開図で置き換えることができる。

図5.2(a)の展開図の折り線①を山折り線から谷折り線にして、両側に2本のジグザグの山折り線②を追加したものが**図5.2**(f)である。この展開図と元の展開図〔**図5.2**(a)〕を貼り合わせると**図5.2**(g)のような筒になり、これは**図5.2**(h)のように唇形状で折り

畳まれる。この例より、同じ展開図を対称に貼ることの基本的な条件が満たされれば、個々の展開図中の折り線の配置を自由に変えることができることが分かる。

第1章の**図1.4**で対称型の折り線で作られる折り畳み模型を引き伸ばすとき、両端が離れ半円筒の状態を経て元の平面に戻るため、このような折り線図では伸縮自在な円筒の折り畳み模型を作ることはできないことを述べた。しかしながら、これを2枚対称に配置して貼り合わせる場合には、伸縮時に2枚の紙の両端は全く同じ動作をするから、対称性により相殺されて拘束がなくなると推測できる。

正方形断面の筒は**図5.3**(a)のように折り畳まれる。図中の垂直線で折り返すと、**図1.4**(f)の展開図に新たに谷折り線が追加されて**図5.3**(b)のようになり、その模型は**図5.3**(c)の左半分Aのように折り畳まれる。これを2個作り、図のように対称に配置(AとB)して接合する。すなわち、これは**図5.3**(b)の左右端に糊代を設けて2枚貼りすることで達成される。作られた模型を伸ばした様子は

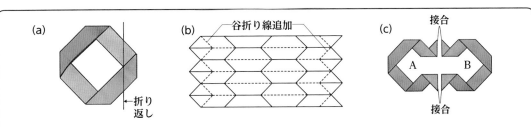

図5.3　(a)(b)正方形断面筒の折り畳み、谷折り線を追加して折り返しを設けた展開図、(c)展開図(b)で折り畳まれた模型2つの接合前の対称配置

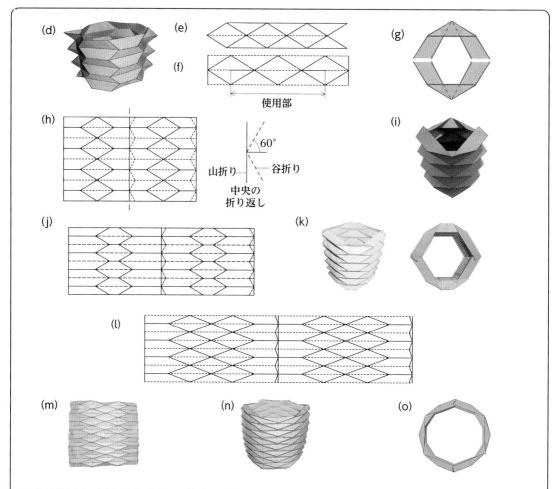

図 5.3（続き）　(d)展開図(b)の2枚貼りで作られた模型、(e)対称型で正6角形状に折り畳む展開図の1段分、(f)図(e)の算盤玉1つと両腕分、(g)展開図(f)の折り畳みで得た模型の対称配置、(h) (i)短冊(f)を積み上げた展開図（左半分）を中央で折り返して得た展開図と模型、(j) (k)展開図(h)の菱形を台形にした展開図、その模型と折り畳みの様子、(l)〜(o)正10角形状に折り畳む展開図、模型と折り畳みの様子

図 5.3 (d)のようになり、図 5.3 (c)で示す接合した形状で折り畳まれる。

　図 5.3 (e)は対称型で正6角形状に折り畳む模型の展開図［図 4.1 (f)］の1段だけを表したものである。これより取り出した算盤玉1つと両腕分の短冊状の展開図、図 5.3 (f)を

折り畳むと図 5.3 (g)の上半分になる。この短冊を積み重ねると図 5.3 (h)の左半分を得る。図 5.3 (h)はこれを用いて中央で折り返し、2枚貼りを1つの展開図にしたもので、その折紙模型は図 5.3 (i)のようになる。図 5.3 (j)は図 5.3 (h)の展開図の菱形を引き伸

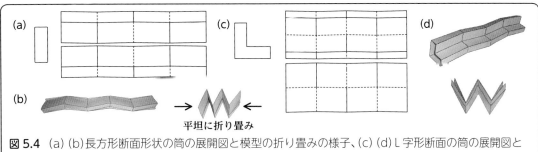

図 5.4 (a)(b)長方形断面形状の筒の展開図と模型の折り畳みの様子、(c)(d)L字形断面の筒の展開図とその模型の折り畳みの様子

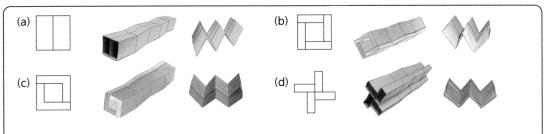

図 5.5 長方形断面筒とL字形断面の筒の貼り付けにより作られる、異形断面筒の折り畳み模型と折り畳みの様子、折り畳みの方向を考慮に入れて接合

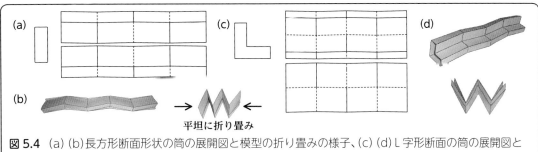内に記載: 平坦に折り畳み

ばした展開図で、模型とその折り畳みの様子を**図 5.3**(k)に示す。正 10 角形状に折り畳む円筒の半分を貼り合わせて作る展開図と模型、折り畳まれた模型の上面の様子を**図 5.3**(l)〜(o)に示す。

上述の例は重ね折りを基本にするため模型の設計は比較的簡単で、注力すべき課題は両端での貼り合わせの工夫だけである。これらの模型は対称に接合されるため力学的には 1 枚の紙と同じ挙動になり、変形時にひずみを伴わない利点を持つが、底をつけることが難しいという大きな課題が残されている。

本手法を異形断面の筒状体の製作に用いた例を示す。**図 5.4**(a)に示すように**図 5.1**(a)の水平方向の中央にある山折り線をずらすと折り畳みのできる長方形断面の筒になり、その折紙模型と折り畳みの様子を**図 5.4**(b)に示す。**図 5.4**(c)(d)にL字形断面の筒を作る展開図、その折紙模型と折り畳みの様子をそれぞれ示す。

図 5.4 の長方形断面の筒やL字断面の筒をいくつか作り、これらを曲がる方向を考慮し、より複雑な断面形状の筒の折り畳み模型を貼り合わせて作ることができる。このような例を示したものが**図 5.5**(a)〜(d)に示す 4 つの折紙模型である。図のような断面で貼り付けられたいずれの模型も、一体となって 1 枚の紙のように良好に折り畳まれる。

5.2　環状筒の折り込み模型[16]

　2枚貼り法でドーナツ様の環状筒を折り畳む模型を作る例を示す。長い短冊の両端を糊付けして円形にしたものが図5.6(a)である。この輪っかを折り畳む方法は種々考えられるが、ここでは図5.6(b)のように、上下に直線部を2つ設けて上から押し付けて折り畳む方法、図5.6(c)のように直線部を1つ設けて残りの部分をジグザグに折り畳み、その後、直線部で挟み込んでコンパクトに折り畳む方法を採用する。このような考えで環状の管を折り畳むための展開図、これを2枚貼りして作られた模型およびそれらの折り畳みの様子を図5.6(d)〜(k)に示す。図に示すドーナツ状の模型は、最初、両手で持って左右中央の出っ張りを押すとジグザグに折れて、良好に折り畳まれる。折紙による模型製作は糊付け部が多く面倒であるが、プラスチックなどで成形し、融着接合すれば製作も比較的簡単であると思われる。構造には適度の剛性を付与できるため、時間のかかる空気の注入なしに瞬時に展開できる救命浮き輪などに応用できると考えている。

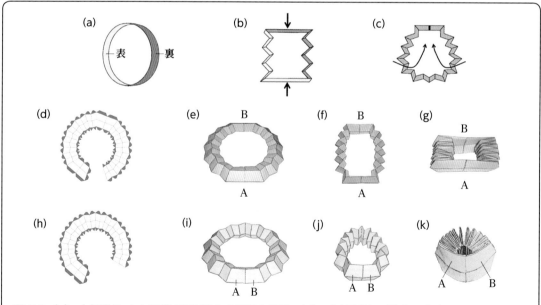

図5.6　(a)〜(c)環状にした短冊で折り畳みの過程を模擬、(d)〜(g)図(b)の様式でデザインした折り畳みのできる浮き輪模型とその折り畳みの様子、(h)〜(k)図(c)の様式でデザインした折り畳みのできる浮き輪状模型とその折り畳みの様子

5.3　角錐や角錐形の袖や胴からなるＴ字分枝形の洋服 模型[16]

　3つの角筒や角錐を突合せた構造で、Ｔ字分枝と名付けた折り畳み模型を応用した、洋服の折り畳み模型を示す。**図5.7**(a)(b)は展開図を前後において対称に2枚貼り付けて作られる基本形を示したものであり、袖部分を胴に貼り付けるように平坦に折り畳むことができる。**図5.7**(a)で示すように、展開図上で袖と胴部分が作る脇の角を2等分する谷折

り線を設けることによって、この平坦折りは達成されている。

　上述の基本形の袖部や胴体部分に**図5.1**の折り畳み方法を採用し、これらの部分も同時に折り畳む模型を**図5.7**(c)(d)に示す。首回りは穴が開くので自由に裁断できるため、前面と後面の展開図の外形は首回りの部分で少し異なっている。

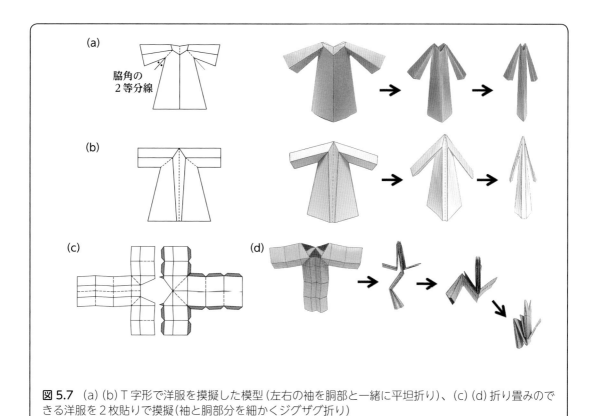

図5.7　(a)(b)Ｔ字形で洋服を摸擬した模型（左右の袖を胴部と一緒に平坦折り）、(c)(d)折り畳みのできる洋服を2枚貼りで摸擬（袖と胴部分を細かくジグザグ折り）

5.4　幾何学模型の製作

　正多面体や半正多面体、あるいはこれらに類似する任意形状の凸の多面体の模型を、単独に1つ作ることは難しいことではない。しかしながら空間充塡形の模型のように複雑に入り組んだ模型を1枚の紙から作るのは容易ではない。ここでは空間充塡形(**2.8 節**)を基にする捩れ多面体と呼ばれる立体に関連する折紙模型を紹介する。正多面体による捩れ多面体には立方体、切頂8面体および切頂4面体に関するものがあり、ここでは前の2つを述べる。

(a) 捩れ多面体[26, 38]

　図5.8 (a) (d)はラピッドプロト、今でいう3Dプリンターで製作した代表的な捩れ多面体のプラスチック模型である。**図5.8** (a)は正方形の充塡形に対応するもの、**図5.8** (d)は切頂8面体に対応するものである。**図5.8** (b)に色分けして示すように、上面を見ると穴が2つのグループに分けられ、穴Ⅰから入った人は穴Ⅱから入った人と決して内部で出会うことはできない面白い構造である。**図**

5.8 (b)の正方形の穴の下は立方体が直線状に並んだ貫通穴になっており、この様子は側面、裏面から見ても全く同じである。**図5.8** (a)中の◎印点では**図5.8** (c)に示すように正方形の頂点が6つ集まった状態である。すなわち、合計の角度が540°であり、頂点部が捩れているとみなしてこのように呼ばれるものと思われる。**図5.8** (d)は切頂8面体の6個の正方形の面を取り除いて穴にしたものを平面上に並べ、これを積み上げたものである

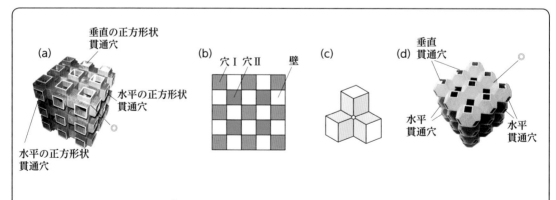

図5.8 (a) (d)捩れ多面体のプラスチック模型、立方体型、切頂8面体型(九州大、斉藤一哉氏製作)、(b)模型(a)の穴の配置の様子、(c)正方形6つ(合計角540°)で作られる頂点(白丸点)

［**図 2.48**（d）参照］。この模型でも上面、側面から見た様子は全く同じで、**図 5.8**（a）と異なるのは正方形の穴の下に瓢箪のように絞れた切頂8面体の空洞が連続的に、直列状に連なっていることである。このような構造はスポンジあるいはトンネル構造と簡単に呼ばれることも多い[26, 27]。

　図 5.8（a）の模型の製作は本節（b）で後述するとし、まず、切頂8面体の空間充塡形について述べる。正6角形と正3角形2個で作った菱形で平面充塡された**図 5.9**（a）を展開図として用いる。図中、切り抜き部とする黒塗りの菱形と水平方向の対角線にスリット、

垂直方向の対角線を谷折り線にした菱形が交互に配置されている。**図 5.9**（b）に示すようにスリットのある菱形部分を谷折り線で折り、内部に折り込み糊付けすると、**図 5.9**（c）のような切頂8面体の半分を連続に連ねた模型を得る。これを2枚貼りすることで**図 5.9**（d）の切頂8面体による空間充塡模型が作られる。また、**図 5.9**（e）のように中央で折り返すように展開図を修正すると、何回も折り返して**図 5.9**（c）を作り積層してゆくことができ、**図 5.9**（f）のような切頂正8面体によって空間充塡されたスポンジ状の構造を作ることができる。

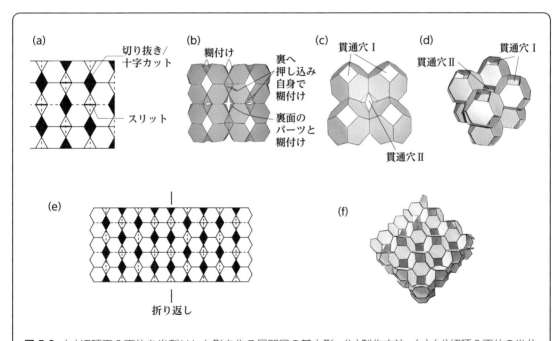

図 5.9　(a)切頂正8面体を半割りした形を作る展開図の基本形、(b)製作方法、(c) (d)切頂8面体の半分を連ねた模型と貼り合わせた状態、(e) (f) 折り返して1段分を作る展開図と積層して作られた切頂正8面体の空間充塡によるスポンジ状模型

(b) 立方体型の捩れ多面体の折紙模型の製作

立方体型の捩れ多面体の成り立ちを考える。図5.10(a)のように、基本とする立方体を4個組み合わせたものを2つ用意し、それらをA、Bとする。図5.10(b)のようにA、Bを組み合わせると、寸法2倍の立方体になる。この立方体を上下左右に積み上げ（充填し）、Bのすべてを（頭の中で）取り去る。あるいは、これを考慮してAだけを接着すると、取っ手の短いジャングルジム状の模型ができ上がる。抜かれたBの部分は立方体の空洞をつないだもので、Aと全く同じ形である。立方体をつないだAの接着面を取り去ると、ジャングルジム状に四方八方に枝分かれした正方形断面の管になる。この管が作る面は空間をジグザグに2等分する面になる。

上の模型を作るため、図5.10(c)のように寸法Lの正方形断面で長さL/2の管を作る。6個用いて図5.10(d)のように立方体を作る

ように配置して貼り付ける。でき上がったものを捩れ多面体の管の基本型（モジュールと呼ぶ）とする。このモジュールを上下左右に無限につなぐと立方体型の捩れ多面体になる。

捩れ多面体の基本型を2枚貼り折紙で作る。図5.10(d)を水平面で2等分割したものが図5.11(a)である。これを作る展開図が図5.11(b)で、太線は切断線である。中央の水色の正方形は切り抜くか、×印形に切断し別のモジュールをつなぐときの糊代にする。正方形の頂点の外側にある4つの×部分は切断線と谷折り線で、谷折り線で折り内部に押し込み［図5.11(c)］糊付けする。これにより平面からでは不可能な、90°の頂角6つ(540°)分を調達することができる。これで作られた模型を2個対称に貼り合わせると図5.11(d)になる。模型は図5.11(e)を経て図5.11(f)のように折り畳まれる。この折り畳みのメカニズムは、頂点を蝶番にした骨格構造［図5.11(g)］のそれと同じである。図5.11(b)の展

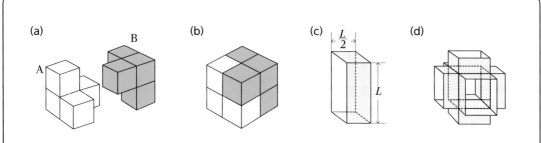

図5.10 (a)(b)立方体4個からなる立体の噛み合わせ模型を用いた捩れ多面体の説明、(c)(d)正方形断面筒の貼り合わせによる捩れ多面体のモジュールの製作

開図を正方形と見て、これを連ねた展開図を用いると基本型の半分が連続した**図5.11**(h)を得る。これを作ることは容易であるが、精度よく2枚を貼るには熟練を要するため、この模型の実用化は非常に難しいと思われる。

図5.11(d)の模型では6個の出っ張り部(枝部)を長くすることはできない。そこで、このモジュールを関節部として使い、モジュールの枝部に正方形断面の筒を差し込んで枝部の長い模型を製作した〔**図5.12**(a)〕。作られた模型はきわめて良好に作動し、**図5.12**(b)に示すように簡単に折り畳まれる。この手法を用いると、ジャングルジム型の巨大な折り畳み構造の設計が容易にできる。

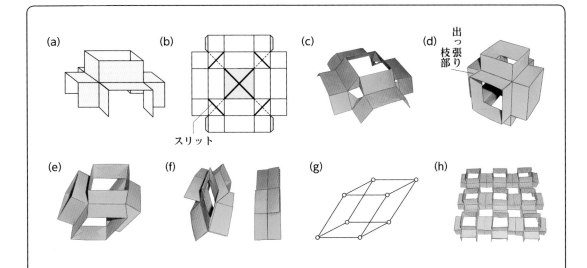

図5.11 (a)(b)基本モジュールの形状と展開図(太線；切断線、中央×印；切断線/糊代に代用)、(c)(d)4個の切断線部を内部に押し込み糊付け、2個貼り合わせてモジュール製作、(e)～(g)折り畳みのメカニズムとその様子、(h)基本型の半分の連続模型

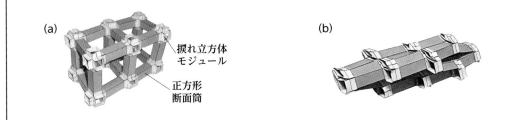

図5.12 (a)(b)格子点部にモジュールを用い、これに正方形の筒を差し込んで作られたジャングルジム状模型とその折り畳みの様子

(c) 新しい2枚貼り折紙による枝部の長い
モジュールの模型

　ここでは、上述のように平面の展開図を2枚貼り付けるのではなく、あらかじめ模型の一部を半立体状に作ったパーツを2枚貼り付ける方法を紹介する。例として、立方体型の捩れ多面体の枝部を長くした模型を、新たに別の方法で製作する。最初、**図5.13**(a)の展開図で下段のAとA、BとBを糊付けし、次にDとD、上段のCとCを糊付けする。これにより、**図5.13**(b)のような枝部になる角筒を2個持つ模型の単片を作ることができる。この単片は**図5.13**(c)のように枝部を

垂直にするとC−C、E−Eが平面状になり、2枚貼りができる。2個作り対称に貼り合わせると、**図5.13**(d)のような4本の長い枝部を持つジャングルジムの格子点部分が作られる。この模型は**図5.11**(d)と同じように折り畳まれる。**図5.13**(e)は**図5.13**(a)を対称に配置して節が2つある場合のもので、**図5.13**(f)の片側模型の製作を経て、2枚貼り法で**図5.13**(g)のような2個の節（格子点）を持つ模型が得られる。この模型の製作法は、2枚貼り手法のさらなる拡張の可能性を示唆していると考えている。

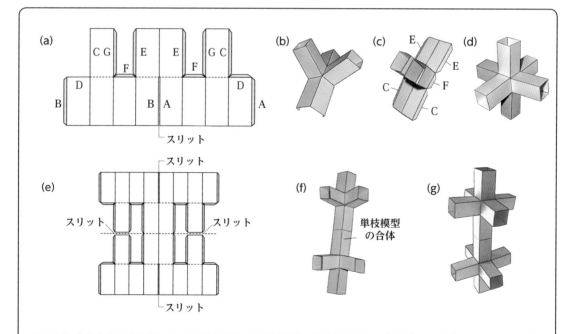

図5.13　(a)(b)枝部の長い立方体型の捩れ多面体模型の展開図（垂直の中心線の下半分；スリット）と（単枝）単片模型、(c)(d)2枚貼り合わせる前の形と完成後の形状、(e)〜(g)節（格子点）が2個ある場合の展開図を節1個の展開図を接合して製作、片側片と2枚貼り合わせて製作された複節模型

(d) 空の多面体の折り畳み

2枚貼り手法をさらに拡張し、上述の捩れ多面体の立方体モジュールの発展形を考える。表題の空の多面体 (Vacant Polyhedron) とは著者の造語であり、**図 5.14** (a) に示した模型のように頂点部は自由に動き、稜線だけで作った (中が空の) 多面体のことを言う。すべての面が4角形や6角形など偶数の正多角形からなるとき折り畳まれる。**図 5.14** (b) に示すように、色付けして示した枝部を取り付けることができ、枝部の長さに制限はないが、稜線が作る各面に「垂直に」角筒状に取り付けられていなければならない。一部でも角錐 (台) 形状に取り付けると折り畳むことはで

きない。

菱形12面体 [**図 2.37** (a)] の模型を作る例を下で述べる。正方形断面の筒 [**図 5.14** (c)] の下縁に糊付け部を設け、6個を**図 5.14** (d) のように正6角形の穴を作るように貼り付ける。結果、6本枝の部品が作られ、中央穴部の上下にそれぞれ6辺分の縁ができる。次に、筒3個を用いて3脚を作るように貼り付けると、上部に6つの縁 (糊代付き) が作られる [**図 5.14** (e)]。6つの糊代部を**図 5.14** (d) の上面の穴の6辺の縁に貼り付け、下面も同様にすると**図 5.14** (f) を得る。これにより、中心部に空の菱形12面体が作られ、この模型は**図 5.14** (g) のように平坦に折り畳まれる。

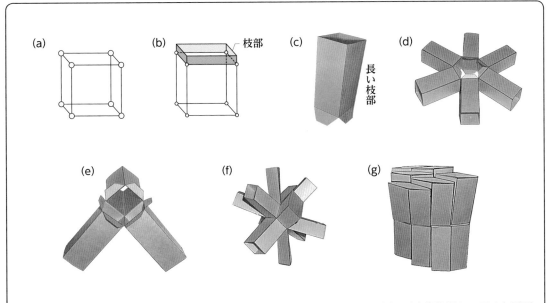

図 5.14 (a)頂点の回転自由、稜線だけの空の多面体、(b)枝部は各面に垂直、(c)糊代付きの正4角形断面筒、(d)糊代部をつないだ正6角形状の穴のある部品 (6本枝)、(e) 3脚状に3個連結 (3本枝)、(f) (g) 図 (d)の上下面の穴部と3本枝パーツを糊付けした空の菱形12面体の模型と折り畳みの様子

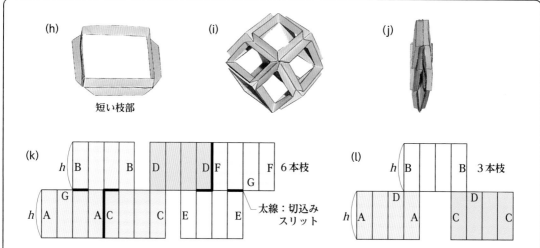

図 5.14（続き）（h）～（j）菱形 12 面体の骨格構造を作る部品、製作模型とその折り畳み、（k）（l）6 本足部品と〔図（d）〕と 3 脚部品〔図（e）〕を 1 枚の紙で作る展開図〔図（k）の太線部はスリット〕、4 つの長方形で筒 1 個を製作（筒を作るための糊代自作）

正方形（あるいは、菱型）断面の筒を非常に短くしたものが**図 5.14**（h）である。これを 12 個作り、上と同じようにして作った模型が**図 5.14**（i）の菱形 12 面体の稜線による折り畳みのできる骨格構造である。折り畳んだ状態を**図 5.14**（j）に示す。

　図 5.14（d）の 6 本枝の部品は、**図 5.14**（k）の展開図を用いてより簡便に作ることができる（太線部；スリット）。ここで（A と A）～（F と F）の 6 か所を糊付けして 4 角形の筒を 6 個作った後、次に G の上辺と右の G の下辺を糊付けする。**図 5.14**（e）の 3 本枝部品は**図 5.14**（l）を用い、3 か所糊付けして 4 角形筒を作り、最後に D と D を糊付けする。6 本枝部品を中央にして上下から 3 本枝部品を 2 個貼り、全体では「3 枚貼り」するように

接合すると**図 5.14**（f）を得る。菱型 12 面体の模型も**図 5.14**（k）（l）の h を極端に短くして作ることができる。

　同じように折り畳める多面体の骨格構造に**図 2.38** で述べた菱形 30 面体がある。**図 5.15**（a）はその菱形 30 面体の外観を示したもので、稜線が作る骨格形状は、5 本の稜線が集まる頂点が 12 個、3 本の稜線が集まる頂点が 20 個の合計 32 個からなる。このような頂点部を短冊が集まる形で示したものが**図 5.15**（b）で、中央の太線部分にスリットを設け加工する。**図 5.15**（b）のパーツ⒜を谷折りし、**図 5.15**（c）のように中央の正 5 角形部分のすべてを内部（裏側）に押し込んで糊付けすると、稜線部は**図 5.15**（d）のように V 字形の梁が 5 本合体した形になる。パーツ⒝も

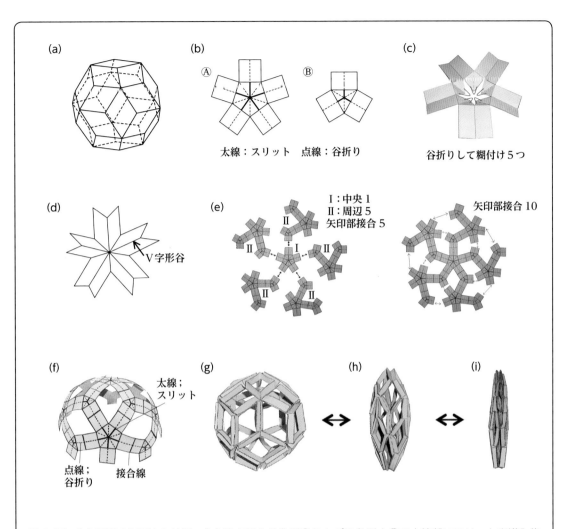

(a)

(b) Ⓐ　　Ⓑ

太線：スリット　　点線：谷折り

(c)

谷折りして糊付け5つ

(d)

V字形谷

(e)
Ⅰ：中央1
Ⅱ：周辺5
矢印部接合5

Ⅱ　Ⅱ　Ⅰ　Ⅱ　Ⅱ　Ⅱ

矢印部接合10

(f)
太線：
スリット

点線；
谷折り　　接合線

(g)　　　(h)　　　(i)

図 5.15　(a) 菱形 30 面体の外観、(b) 頂点部の 5 角形Ⓐおよび 3 角形内Ⓑの太線部にスリットを導入後、裏に押し込み糊付け、(c) 5 角形の部分をすべて (裏側に) 押し込む様子、(d) 5 本の稜線からなる頂点部、(e) 外観を参考に頂点部を連結、(f) 図 (e) を連結したときの半球分の外観、(g) ～ (i) 菱形 30 面体の骨格模型と折り畳まれる様子

中央部を押し込んで同様に作る。菱形 30 面体の折紙模型を作り、この模型の稜線の成り立ちを参照しながら、**図 5.15** (e)のように半球分の 16 個を貼り付けると、**図 5.15** (f)を得る。これを**図 5.15** (d)を作った要領で、

頂点部を内部に押し込んで糊付けする。対称に 2 個貼り付けて作った菱形 30 面体の骨格模型は**図 5.15** (g)のようになり、これは**図 5.15** (h)を経て、**図 5.15** (i)のように (任意の) 頂点を頭にして折り畳まれる。

第6章　コアパネルと3次元の ハニカムコア[(8、39)]

　折紙で作る構造は一般に軽量であるが、強化機能を付与することで、軽量で高強度、高剛性の構造材料を創出する可能性を秘める。軽量で頑丈なこのような構造は、芯や核などを意味する「コア」という言葉を用い、広くコア材料やコア構造と呼ばれる。本章ではコアパネルの設計例や試作模型、および任意の断面形状のハニカムコアをモデル化する方法を述べたのち、この手法を折り畳み可能な仕分け箱の製作に用いた例を述べる。

6.1 コア材料とは

図6.1 (a)はコア材料の代名詞でもあるハニカムコアを示すもので、蜂の巣[ハニカム、図6.1 (b)]のように正6角形状の筒を敷き詰めた形状のものである。図6.1 (c)のようにコアの両面にアルミ合金板などを貼り付けると高剛性の板に変身する。これはハニカムコア(サンドウィッチ)と呼ばれ、曲げに対する高剛性と強度を有し、コア部だけ見れば比重が1/10～1/20の超軽量材である。このハニカムコアの発明なしに、現在の航空宇宙産業の発展はなかったといっても過言ではない。身近なところでは、机やテーブルなどの天板の内部にダンボール製の種々の形状[図6.1 (d)]のハニカムコアが用いられている。飛行機やロケット、車両などに用いる工業用ハニカムは高価である問題や、曲面などに対応する際には平板の既製品を長時間かけて曲げるなどの苦労を伴う課題等がある。このような産業上の課題に対応できる、高強度の軽量コア材料を折紙の手法でモデル化することが、本章を記述する目的である。

ここでは、①幾何学の空間充填の考えを用いコアパネルを創成する手法と製作品[39]および②著者が十数年前に創成した、周期的に導入したスリットと折り目とを組み合わせて製作する3次元ハニカムコア[8]を紹介する。また、ハニカムコアのデザイン法を転用し、折り畳みのできる仕分け箱を製作する方法などを述べる。

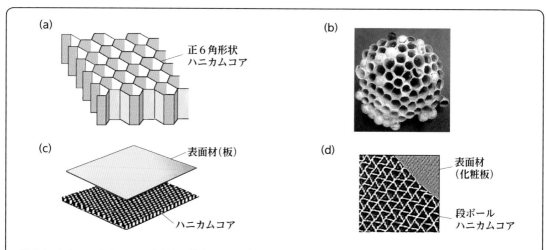

(a)
正6角形状
ハニカムコア

(b)

(c)
表面材(板)
ハニカムコア

(d)
表面材
(化粧板)
段ボール
ハニカムコア

図6.1　(a)ハニカムコア、(b)蜂の巣(ハニカム)、(c)ハニカムサンドウィッチ、(d)机などの天板の強化に用いられるダンボール製の3角形状のハニカムコア

6.2 平行6面体による空間充塡形を用いたコアパネル[20C、39]

(a) コアパネルのモデル化と模型製作

　ここでは空間充塡形の中からものづくりの際の作りやすさを考え、平行6面体(**図2.49**)による空間充塡形を用い、平面状のコアを折紙の技術によってモデル化する。**図6.2**(a)(b)に正4面体と正8面体からなる平行6面体と、これを5個横に並べた棒状の模型を各々示す。**図6.2**(b)の左下の正4面体を右下に移すと**図6.2**(c)のようになる。この棒状模型の(多面体の)稜線だけを取り出すと**図6.2**(d)となる。これはオクテット・トラスと呼ばれる著名なトラス構造で、その特徴は正3角形だけで構造が組み上げられた最強のトラスである。このトラス構造は大型の構造物や飛行場の大屋根など、注意深く見れば町中のいたるところで見ることができる。

　図6.2(b)の模型を5個上下方向に並べると**図6.2**(e)になる。この模型の上下面は正3角形の網目模様を呈する。**図6.2**(b)を用いると色々な形のトラス構造をデザインでき、その例を**図6.2**(f)(g)に示す。ここでは、**図6.2**(f)のカドには正4面体と正8面体、**図6.2**(g)の中央には正8面体が不足するため補充されている。

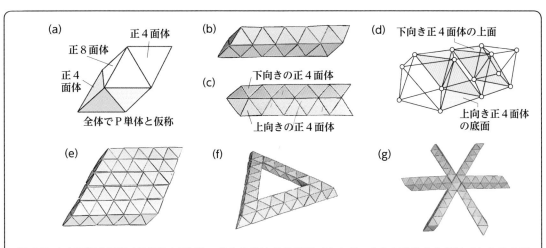

図6.2　(a)平行6面体(P単体と呼ぶ)、(b)P単体を5個並べたもの、(c)P単体を5個並べたものの変形体、(d)P単体3個の変形体、正4面体と正8面体の稜線のみを表示、稜線はオクテット・トラスと呼ばれる最強のトラス構造を形成、(e)P単体による平面充塡、(f)(g)P単体を組み合わせて作られる簡単な構造模型の例

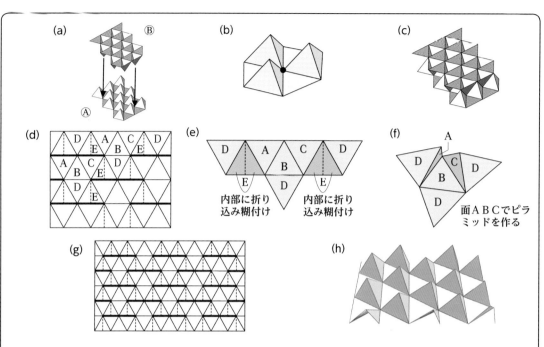

図 6.3　(a) (b)正3角形の網目上に1つ飛びに正4面体を並べたパネルを2枚用意し、頂点を(b)の●点に合致、(c) 2枚の間に正8面体を形成して(1層の)空間充填形を形成、(d) (e)スリットの導入位置、内部に折り込む部分の説明、三角形 A、B、C が正4面体の錐面を構成、(f) 3角錐を作る様子、(g) (h) 模型製作のための展開図と折紙模型(タイプⅠ)

図 6.2 (e)の上面の正3角形の網目模様を基にコア構造を作る手順を以下で述べる。図 6.3 (a)に示すように正3角形の網目模様上に1つ飛びに正4面体を並べ、これを模型Ⓐとする。模型Ⓐと同じ模型Ⓑの3角錐の頂点をⒶの3角形の網目の交点 [図 6.3 (b)の●点]に合わせると、ⒶとⒷの角錐のすべての稜線も合致し、正8面体が内部に自動的に作られる。図 6.3 (c)のように稜線で貼り合わせると、正4面体と正8面体による空間充填形の模型が得られ、タイプⅠのコアパネルと名付ける強靭なパネル模型が作られる。この

骨格構造は面心立方金属の格子構造と同じで、きわめて安定なものである(**本章コラム**参照)。

この模型を作る展開図を**図 6.3** (d)に示す。図中の水平方向の太い実線はスリット、垂直方向の破線は谷折り線であり、正3角形 A~C 3個で3角錐形状ピラミッドの錐面を作り、谷折り線のある正3角形はこの折り線で内部に折り込む。この製作過程を示したものが**図 6.3** (e)で、正3角形 E の部分を谷折り線でピラミッドの内部に折り込む様子が**図 6.3** (f)で示されている。**図 6.3** (d)を基に作ったものが**図 6.3** (g)で、これより**図 6.3**

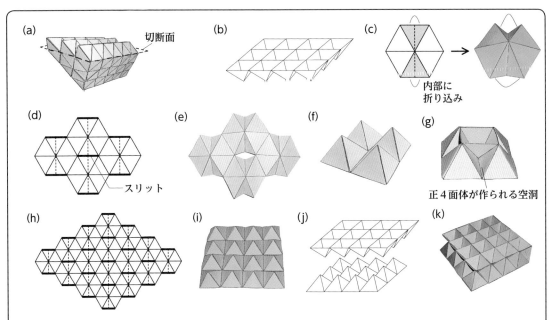

図 6.4　(a) 平行菱形 6 面体の連結棒を積み上げた模型と切断面、(b) 正 8 面体の対称面が並んだ切断面、(c) 正 8 面体半分のピラミッドを作る展開図と折り込みの様子、(d) ～ (f) 4 角錐形のピラミッドを 4 個並べた模型を作る展開図と模型、(g) 4 個のピラミッドの稜線が作る谷間に正 8 面体の半分が入る様子、(h) (i) 拡張した展開図と模型、(j) (k) 2 枚作って貼り合わせる過程とコアパネルの折紙模型 (タイプⅡ)

(h) の正 4 面体を並べた模型を得る。2 枚を稜線で貼り合わせると、コアパネルと名付けたタイプ I の模型が作られる。このコアパネルの優れた特性は、単片では 1 枚の薄板のように柔軟に曲げられるが、2 枚向かい合わせて貼り合わせると、強靱な構造の別物に変身する点にある。

図 6.2 (b) の平行 6 面体の連結棒を 6 個積み重ねたものが図 6.4 (a) である。これを点線で示した面で切断すると、正 8 面体の中央の対称面が平面上に並んだ面を切断することになり、切り口は図 6.4 (b) に示す正方形の平面充填形になる。これを基に、正 8 面体の半分の 4 角錐状のピラミッドを平面上に並べる模型を製作する。このピラミッドは図 6.4 (c) を用いて、谷折り線で中央部上下の正 3 角形部分を内部に押し込んで作る。図 6.4 (d) に 4 個のピラミッドを作る展開図 (太い実線；スリット) を、図 6.4 (e) (f) に製作の過程と模型を示す。図 6.4 (g) に示すように 4 個のピラミッドの稜線が作る中央の谷間に、正 8 面体の半分のピラミッドがすっぽりと入る。

図 6.4 (d) の展開図を拡張した図 6.4 (h) を用いると図 6.4 (i) の模型を得る。2 つ作って貼り合わせる [図 6.4 (j)] と、図 6.4 (k) に示すタイプⅡと呼ぶコアパネルの模型を得る。

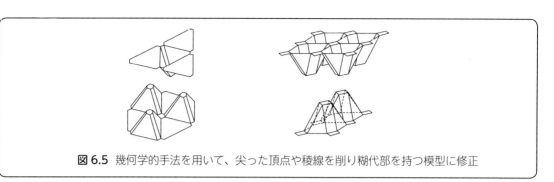

図6.5　幾何学的手法を用いて、尖った頂点や稜線を削り糊代部を持つ模型に修正

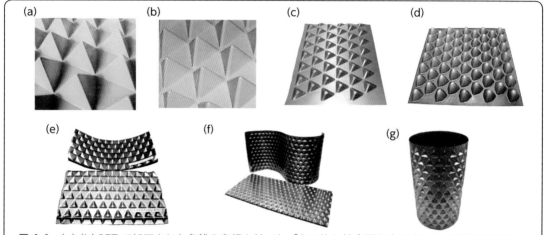

図6.6　(a)(b) PETで加工された角錐の突起を並べたパネル片と接合面を広くするため稜線部を設けたパネル片、(c)(d)鋼板とアルミ合金板製のパネル片、(e)～(g)曲面状の高剛性のパネル片〔城山工業(相模原市)製作〕

貼り合わせた2枚の間には正4面体が周期的に配され〔**図6.4**(g)〕、このパネルも平行6面体の空間充塡形に基づいていることが分かる。

　コアパネルの角錐からなるパネル片は角錐の先端はとがり、稜線はカド張る。また、2枚のパネル片を接合する際、接合面が少なく、ものづくりのためには改良を要する。これに対処するため、幾何学的観点から検討を加えた。**図2.8**～**2.10**で用いた正多面体の頂点や稜線を削って半正多面体を作る手法を応用し、

図6.5に示すように3角錐については点を6角形、稜線を長方形に、4角錐については点を4角形、稜線を長方形にする改良を加え、糊代部を充分設けたモデルを開発した[39]。

(b)　コアパネルの試作[13、14、40]

　上述したコアモデルを基に、プレス加工によってプラスチック、鋼板、アルミ合金製のパネル片が製作された。**図6.6**(a)(b)はPETで試作した各々3角錐形状コア、頂点

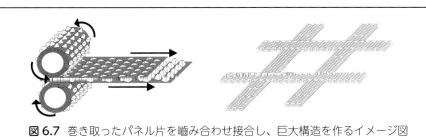

図6.7 巻き取ったパネル片を嚙み合わせ接合し、巨大構造を作るイメージ図

と稜線部に幅を持たせたパネル片である。プラスチック製パネルに関しては、成形性の良さから比較的低温でも加工が可能であった。**図6.6**(c)(d)は鋼板とアルミ合金板製のパネル片である。パネルは平板のみならず**図6.6**(e)〜(g)のような曲面版も試作されている。このようなパネルは機械力学的あるいは構造力学的観点から、車両のみならず、建築部材や民生品に一部実用化されている。

(c) コアパネルの利便性

　薄い素材で作られたパネル片は、巻き取りでき、あるいは1枚の平坦な紙のように重ねて積み置きできるため、小スペースでの保管ができる。それゆえ、ロケットのフェアリング部の小さなスペースに収納し、宇宙空間で巨大構造を建設することなどに利用されることを夢見て開発されたものであり、**図6.7**はそのような構想を示したものである。

【コラム】　金属結晶の構造と空間充塡

　金属結晶には体心立方、面心立方、稠密6方_{ちゅうみつ}金属などがあり、前の2つが本書で述べた空間充塡と関連する。**図(a)**の体心立方格子は立方体の頂点と中心に原子がある。中心を頂点とし6面を底面とする4角錐6個に立方体を分割し、これらを別の立方体の6面に貼り付けて得られる菱形12面体〔**図(b)**〕は単独で空間充塡することを述べた（**図2.48**）。

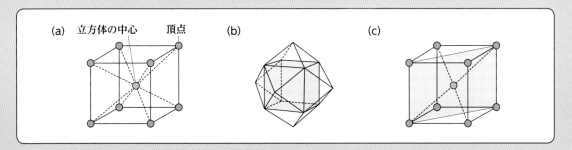

139

図 (c) は原子が最も稠密に並ぶ対角面を示したものである。図 (d) のように面心立方格子の原子は立方体の頂点と面の中央に原子が配される。図 (e) は面心立方格子の格子点を結んだもので、中央に正8面体（双対との関連）があり、その各面の頂点と立方体の8つの頂点を結ぶと8つの正4面体が中央の正8面体の全面に貼り付いた形状、すなわちダヴィンチの星型8面体になっている〔図 2.46 (d)〕。図 (f) の斜めの面 IHK を見ると、メッシュ状に配された正3角形の頂点と立方体の面の中点 A、C、D を結ぶと正4面体の列（AIBE、CBHF、DEFK）が現れる。これが図 6.3 (h) に示したコアパネルの形状を与える。斜めの面上の正3角形のメッシュ状の原子配列を示したものが図 (g) で、この面が最も稠密に原子が配置される面になる。比較のため図 (h) に面心格子のセルの側面の原子の配置を示す。体心立方格子の最稠密な面の原子の配列は図 (i) でずいぶん粗いことが分かる。

実際の金属では図に示すすべての格子点に原子が配列されることはなく、線状に欠落した転位と呼ばれる線欠陥がほぼ無数と言えるほどに存在する。金属は限界値を超えて強い負荷を受けると転位の移動が始まり、あたかも地震の断層すべりのようにナノスケールですべりが生じる。このすべりの蓄積が金属特有の延性をもたらす。転位のすべりはその性質上、最稠密面を選好する。最も密で強靭と思われる面心立方金属が実は延性に富むのである。密なるがゆえに変形しやすいという皮肉な結果である。面心立方金属が延性に富む特性は精密な加工に適し、硬貨やメダルの製作に用いられる。それらは、金、銀、銅、プラチナを始めとし、アルミ、ニッケルなどであり、わが国の硬貨はすべて面心立方金属とその合金で作られている。体心立方金属には高い強度を持つ（α）鉄、タングステン、モリブデンなどがある（鉄は高温で面心立方にもなり、またステンレス鋼も面心立方のものがある）。

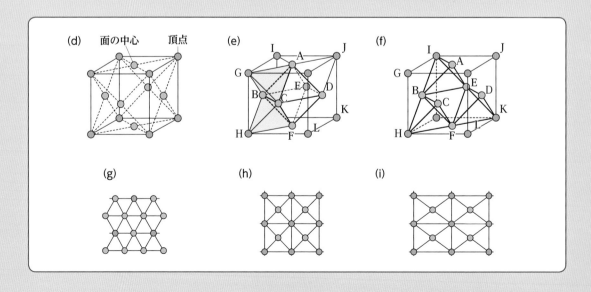

6.3　3次元ハニカム^(8、41)

(上付き番号は参照)

(a) 基本の厚さ一定（等厚）のコア

　1枚の薄板や紙にスリット／切り抜きを周期的に設け、これを折り曲げ3次元化することにより、通常のハニカムコアの製造法では困難な任意の断面形状を持つハニカムコアのデザイン法を提案した。図6.8 (a) (b)は基本の等厚のコア模型とその展開図を示したものである。ここで水平方向の折り線上の太い実線は切断部（スリット）で、スリットが3マス分、未切断部分が1マス分の折り線の繰り返しとなっている。この折り線の上下には、同じピッチで切断部と未切断部が配された折り線を2マス分ずらした形で設けている。山折り線をM、谷折り線をVで表し、水平方向

のスリットを含む折り線群は山と谷折り線を交互（M、V、M、V…）に、鉛直方向の折り線群は山折り線を2本、谷折り線を2本1組として交互（M、M、V、V…）に設けている。折り線の両側にある矩形の斜線部分AとBおよびA'とB'の裏面を貼り合わせる［図6.8 (c)］。この糊付けを状況が同じすべての部分で行う。左右を引っ張ると通常の等厚のハニカムコアになる。図6.8 (d)～(f)は鉛直方向だけを折った状態、水平方向を折って切断部が開いた状態、裏面を糊付け後、引き伸ばした状態を各々示す。製作されるコアの厚さは水平方向の折り線間の幅で決まる。

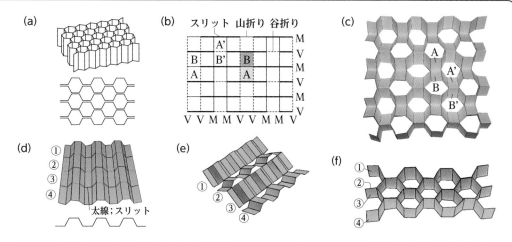

図6.8 (a) (b)等厚のコアの外観と基本の展開図（太い実線；スリット）、(c)折紙模型の製作過程（A、Bの裏面を糊付け）、(d)鉛直方向だけを折った状態、(e)水平方向を折って切断部が開いた状態、(f)糊付け後、引き伸ばした状態

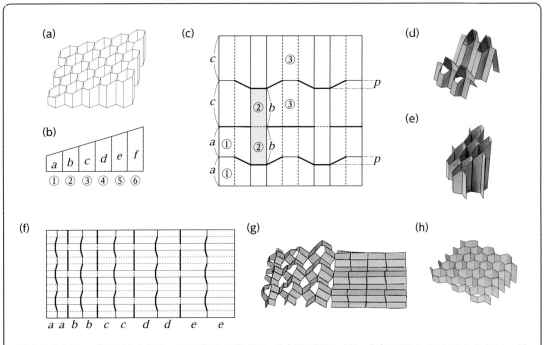

図 6.9 (a)テーパ(傾き)のあるコアの側面の模式図、(b)側面図の寸法、(c)展開図、傾きの大きさはp値で決定、(d) (e)製作過程と模型、(f)〜(h)セルの個数を多くしたときの展開図と模型

(b) テーパのある（上面が下面に対して傾斜する）コア

上記の基本のコア構造に手を加えると色々な断面形状のハニカムコアをモデル化できる。最初に下面がフラットで上面に傾きがある、すなわち厚さが一様に変化する**図 6.9** (a)のようなコアをデザインする。**図 6.9** (b)が側面図で、高さがa、b、c…のように変わるとする($b-a=c-b=d-c$)。**図 6.9** (c)のように水平方向に太い実線で示されているスリットは3マス分で同じであり、裏面を貼り付ける①と①、②と②、③と③を1組とし、高さがそれぞれ(同じ値の)a、b、cとなるように描く。結果、水平方向の切断線は、**図 6.9** (c)の展開図に示すようにジグザグ形になる。水平方向のジグザグのスリットの振幅pは上面の傾きの度合いを示し、$b=a+p$、$c=b+p$として図を描かれているから、$b-a=c-b=p$となる。すなわち、傾きが一定となる。基本モデルの場合と同じように、鉛直方向には山折り、谷折り線2本ずつを組みにして交互に設け、水平方向の折り線は、山折り、谷折り線を交互に設ける。**図 6.9** (c)の折紙模型の製作過程と模型を**図 6.9** (d) (e)に、**図 6.9** (f)〜(h)にこれを拡張した展開図と作った模型をそれぞれ示す。

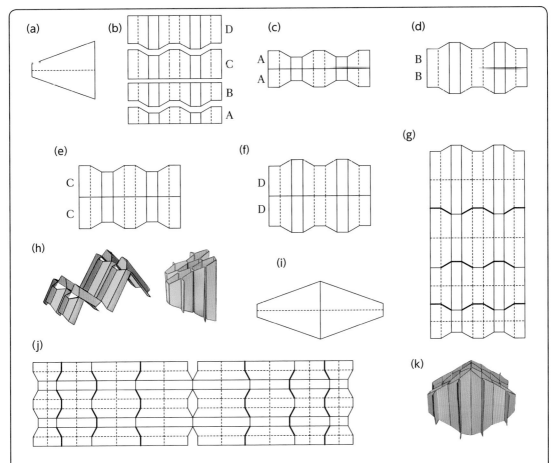

図 6.10 (a) 上下面にテーパ(傾き)のあるコアの側面の模式図、(b) 図 6.9 (c) を水平方向の折り線 / 切断部で 4 つに切断、(c) ～ (f) 4 つのパーツをそれぞれ対称に貼り合わせ、(g) (h) 貼り合わせで得た 4 つのパーツを積み上げて得た展開図と模型、(i) ～ (k) 図 (a) をさらに対称にしたコアの側面図、展開図とその折紙模型

(c) 両側にテーパのあるコア

　片側テーパの**図 6.9** (c) を組み合わせて、**図 6.10** (a) に示すような両側にテーパのあるコアをデザインする。**図 6.9** (c) を水平方向の折り線部で切り離すと、**図 6.10** (b) のように A～D の 4 つのパーツに分けられる。これら 4 つをそれぞれ対称に接合すると、**図 6.10** (c) ～ (f) を得る。得られた 4 つの対称パーツを鉛直方向に積み重ねたものが**図 6.10** (g) である。その折紙模型は**図 6.10** (h) のようになる。この模型を**図 6.10** (i) に示すように、対称に配置した模型の展開図と作成された折紙模型を各々**図 6.10** (j) (k) に示す。

(d) 湾曲した断面のコア

テーパのあるコアを基にして、丸みを帯びた断面形状のコアを設計する方法を述べる。図 6.9 (c)で示した水平方向のスリットの振幅を図 6.11 (a)のように $p > q > r$ に選ぶと、図 6.11 (b)の模型のように徐々に傾きが小さくなり、丸みを帯びた凸の断面のコア模型がデザインできる。ここで、この模型は図 6.10 (j)と同じように左右対称に接合して作った展開図を用いた。スリットの振幅を図 6.11 (c)のように $p < q < r$ に選ぶと、徐々に傾きが大きくなり、凹断面になる。対称に配置した展開図を用いると図 6.11 (d)に示す断面形状のコアを得る。上述の p、q、r の値は任意に選べるため種々のコアを自由にデザインできる。この例のように、同じような形状のスリットを入れて曲面を作る方法をタイプ I 型とする。

丸みのある凸の断面形状のコアをデザインする方法には、図 6.11 (e)に示すようにスリットに幅を持たせる別の方法がある。これをタイプ II 型とする。これを2個対称に接合して作った展開図で得た模型を図 6.11 (f)に示す。ここでスリットの幅は図中の p、p'、q、q' を用いて $p - p'$ と $q - q'$ で表される。

このタイプ II 型の場合にはスリットに幅を持たせたため、図 6.11 (g)のように曲面の傾きが小さくなる。そのため、凹面の製作は困難で、凸面あるいは凸凹断面の製作だけに限

られるが、細かく曲面の形成を行うことができる[図 6.11 (h)]。一方、図 6.11 (i)に示すように、タイプ I 型の場合にはスリット線で切断後、折り返すと切断後の2面は図 6.11 (j)のように同一の平面上にくるため、切断角を選ぶことで凸、凹曲面いずれの製作にも対応できるが、2つの切断面が1組になるため曲面の形成が粗くなる性質がある。

所望するコアの断面が決まれば、最初、上下面、さらには左右面に分けてスリットを構成し、これらを組み合わせてコアの製作を試行すれば、任意の断面形状の3次元ハニカムコアの設計が簡単にできる。

上述のタイプ I の手法は簡単で、きわめて有用である。断面形状が決まれば忍耐強くデザインするだけである。片側が凸面になった左右対称のハニカムコアの模型と展開図の例を図 6.12 (a)(b)に示す。図 6.12 (c)に航空機の翼を模した断面形状(両面凸面)の折紙模型を、図 6.12 (d)にカーボンファイバーで作られた模型を示す[20C]。図 6.12 (b)の展開図の鉛直方向の平行なスリットを含む折り線を放射線状に、すなわち極座標型にすると、奥行方向にテーパのある形状のコアモデルも設計でき、1枚の板から折り曲げと糊付けによって、種々の断面形状の3次元のハニカムコアをデザインできることが模型製作で明らかにされている[8, 42]。

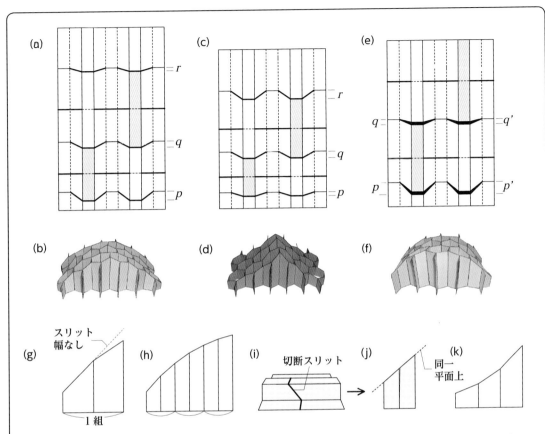

図6.11 丸みを帯びた断面形状のハニカムコア(タイプⅠ型)の設計、(a)スリットの振幅p、q、r($p >$ $q > r$)、上面が凸面状、(b)凸面の模型、(c)スリットの振幅p、q、r($p < q < r$)、上面が凹面状、(d)断面が凹面状の模型、(e)(f)スリットに幅を持たせ、切抜き部を設けた展開図(タイプⅡ)、($p-p'$)および($q-q'$);切り抜き幅、折紙模型、(g)タイプⅡ型、凸面状の模型製作可能、(h)細かな曲面作りに適応、(i)(j)タイプⅠ型、スリットで切断後、折ると切断面が同一平面上にある、(k)凹・凸面の製作、双方とも可能

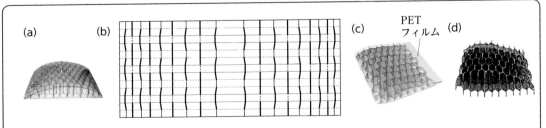

図6.12 1枚の紙や板から作る任意断面形状の3次元のハニカムコアの模型、(a)(b)片側が凸面になった左右対称のハニカムコアの模型と展開図の例、(c)航空機の翼型を模したハニカムコア、(d)カーボンファイバー製のハニカム翼型模型(九州大学、斉藤一哉氏製作)

6.4　折り畳みのできる仕分け箱の設計

(a) 仕分け箱（底なし）の基本形

前節のパネルやハニカムコアは工業製品を目指したもので、折紙でものづくりを始める人にはいささか面白さに欠ける。ここでは、上述のハニカムコアを作る手法を応用して、平坦に折り畳みのできる仕分け箱をデザインする方法を紹介する。

図6.13 (a) は「田」の字の断面の底のない箱を作る展開図で、2段型と呼ぶ。中央の太線は切断部（スリット）、実線は山折り、点線は谷折りである。最初、すべての折り線を山、谷折りに従いおおよそ90°に折り曲げ、左端の矩形部①の中央を谷折りして、その全面を互いに貼り付ける。貼り付けると図6.13 (b) のような形になる。折り返した部分の先頭〔図6.13 (a) 左端中央〕を矢印が示すように差し込み、糊付けすると図6.13 (c) のようになる。次に、図6.13 (d) のように、図6.13 (c) の右先端の矩形部をでき上がった正方形の穴部の外側にマス目が一致するよう、すなわち「田」の字形になるよう糊付けする。

この模型はせん断力（矢印）や押し潰しで簡単に折り畳まれる。展開図の中央部分が折り畳みのできる"中子"となり、ピンクと青に色付けした両端部分が中央の水平の仕切りと外側の壁を作る。以下、図6.13 (e) のようにこれらを仕切り板、外板と呼ぶ。仕切り板と外板がこの模型の骨格になる。

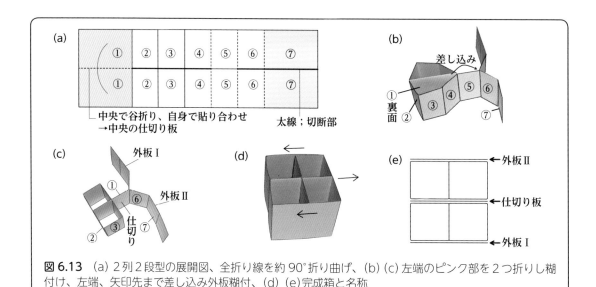

図6.13　(a) 2列2段型の展開図、全折り線を約90°折り曲げ、(b) (c) 左端のピンク部を2つ折りし糊付け、左端、矢印先まで差し込み外板糊付け、(d) (e) 完成箱と名称

(b) テーパ箱（底なし）

　上面部だけにテーパ(傾斜)の付いた箱の仕切り部は**図6.9**(c)を参考にして、**図6.14**(a)の展開図の中央の水平線に折れ曲がったスリットを設けることによりデザインできる。

製作方法は上述のテーパのない仕切り箱の基本形と同じである。その製作途中の様子と外板を糊付けして作られた模型を**図6.14**(b)(c)に示す。

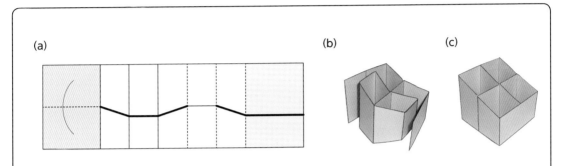

図6.14　テーパ付きの箱(製作手順は**図6.13**の模型と全く同じ)、(a)展開図、(b)外板部分を糊付けする前の状態、(c)完成模型

(c) 底部分の付与と底のある箱の折り畳み

　仕切りとするハニカムコア自体は簡単に折り畳めるが、底を付けると安定な構造になる。しかし折り畳むためには何らかの工夫が必要になる。**図6.15**(a)のような仕切り部分を持

つコアを折り畳むには、**図6.15**(b)のように押し潰して座屈させる方法と、**図6.15**(c)のようにせん断して折り畳む2つの方法に限られる。このような変形に対処できる底を設けることが必要である。

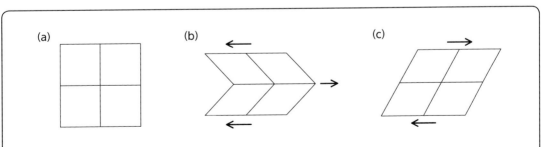

図6.15　箱の底の取り付け、(a)折り畳む前のコアの形状、(b)押し潰し型の折り畳み、(c)せん断(ずらし)型の折り畳み

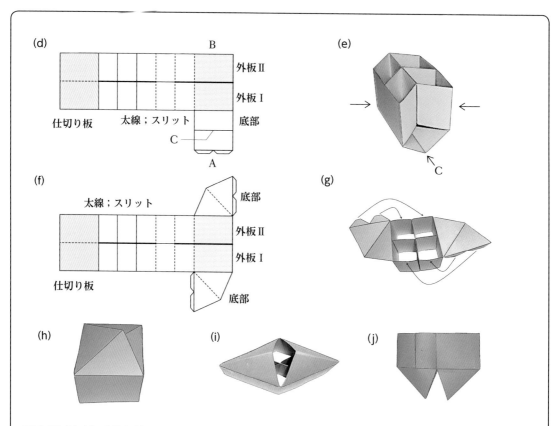

図 6.15（続き）　(d) (e) 押し潰し型の展開図、折り畳みの様子、(f) (g) せん断型の展開図、底の配置と糊付け法、(h) 裏面の様子、(i) (j) せん断型の底部の折り畳みの様子

図 6.15 (d) の展開図は押し潰しに対応するもので、図中のAの辺をBに糊付けして底部にし、**図 6.15** (e) の底部の中央に設けた折り線Cで折り畳む。**図 6.15** (f) にせん断型で折り畳む模型の展開図を示す。ここで、底部を2分割し、右端の上下に配している。仕切り部を糊付けすると**図 6.15** (g) となる。図の矢印に従い、2分割された底部を仕切り部分の下端底から見た折り畳み途中と、折り畳まれたときの側面の様子を示す。

(d) 仕切り数の多い箱：3段型の箱

鉛直方向に3段の場合の仕切り板と外板の、配置図と展開図の例を**図 6.16** (a) (b) に示す。仕切り板と外板部は展開図の左右と上下に色付けされており、展開図の中央の白抜き部分が仕切り部になる。図から分かるように、奇数段のとき、外板と仕切り板の配置を展開図上で細工しなければならない。最初、鉛直方向の折り線で折り曲げると、**図 6.16** (c) のようになる。ここで、**図 6.16** (b) (c) から分か

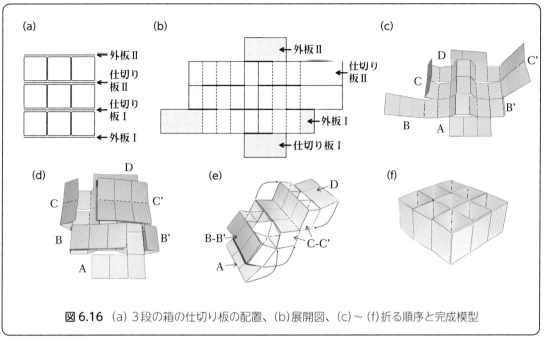

図 6.16 (a) 3段の箱の仕切り板の配置、(b)展開図、(c)〜(f)折る順序と完成模型

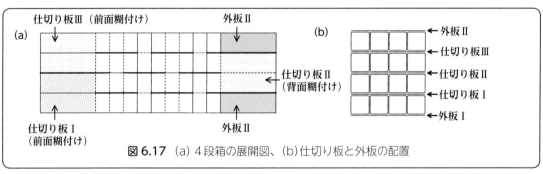

図 6.17 (a) 4段箱の展開図、(b)仕切り板と外板の配置

るように A と D が外板、B が単独で、C が2枚重ねの状態で仕切り板 II になる。次に B と B' および C と C' を貼り合わせるため、谷折り線をさらに折り曲げると、**図 6.16** (d) を経て**図 6.16** (e) のようになる。A の部分を折り曲げて B − B' と C − C' の間に挟み、次に C − C' どうしを接合し、最後に外板 D を C − C' に貼り付ける。最終的に模型は**図 6.16** (f) のようになる。なお上述の糊付けの際、混乱することがあるので、完成模型を常に念頭において作業することが必要である。

4段型の場合は基本的に2段型の繰り返しで作られるため、展開図は**図 6.17** (a) のように簡単になる。仕上がり時の仕切り板と外板の配置は**図 6.17** (b) のようになる。最初、中央部分(白抜き)の山、谷折り線すべてを**図**

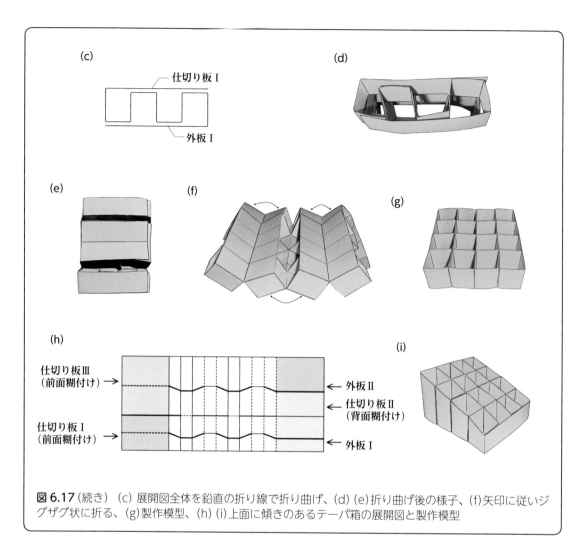

図6.17（続き）（c）展開図全体を鉛直の折り線で折り曲げ、(d) (e)折り曲げ後の様子、(f)矢印に従いジグザグ状に折る、(g)製作模型、(h) (i)上面に傾きのあるテーパ箱の展開図と製作模型

6.17 (c) を参考にして全段にわたって 90°折り曲げると**図**6.17 (d) (e)のようになる。**図**6.17 (f)がこれを横から見たもので、矢印のように折って**図**6.17 (g)の完成模型の正方形のマス目を作ることを考慮して糊付けする。**図**6.17 (h)の展開図を用いると上面に傾きのあるテーパ箱が作られる。模型を作る手順は上の模型の場合と同様である。

(e) 上蓋付きの仕分け箱 （底あり）

コア（仕切り）部に底と上蓋を付けた折り畳みのできる仕分け箱は種々デザインできるが、著者が N−1 式仕分け箱と呼んでいる例を示す。**図**6.18 (a)がその展開図で、コア部、底部および上蓋部からなっている。ここでは、仕切りは 2 段 3 列型とする。コア部は**図**6.18 (b)を参考にして展開図の山、谷折りに従い

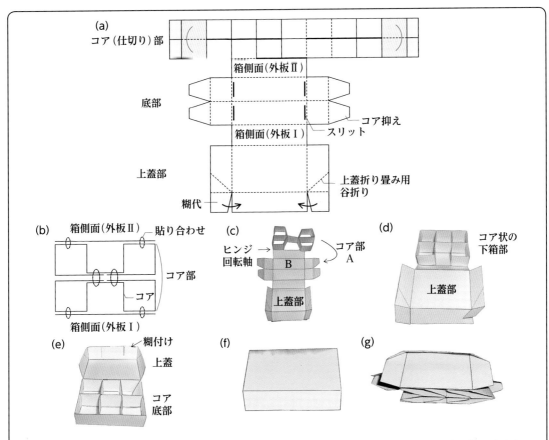

図 6.18 (a)上蓋のある折り畳みのできる仕分け箱の展開図、2段3列型、N－1式仕分け箱、上からコア部、底部および上蓋部で構成、(b) (c) コア（仕切り）部の折り方の模式図と折った様子、(d) コア部をひっくり返した様子、(e) 糊付けして上蓋の糊付けのみを残した完成直前の箱、(f) 完成品を閉じたときの外観、(g)底部に設けた貫通した谷折り線と上蓋に設けた谷折り線で平坦に折り畳まれる箱

折ると、**図 6.18** (c)の最上部のようになる。このコア部が箱部とつながる部分（図中、右向き矢印）でコア部をひっくり返すと**図 6.18** (d)を得る。**図 6.18** (b)を参考にし、コア部と箱側面Ⅰ、Ⅱにコア部が正方形の仕切りになるよう丁寧に接着し、コア抑えで左右の箱側面にその先端を挿入して固定する。最後に上蓋下部の糊付けをして上蓋を作ると、**図**

6.18 (e)に示す頑丈な仕分け箱が完成する。**図 6.18** (f)は閉めたときの外観である。

上蓋をあけて、コア抑えを外すと底中央にある水平の折り線でコア部は平坦に折り畳まれる。また、上蓋も上蓋のコーナーに設けた谷折り線で折り畳まれ、**図 6.18** (g)のように全体として容易に平坦に折り畳まれる仕分け箱であることが分かる。

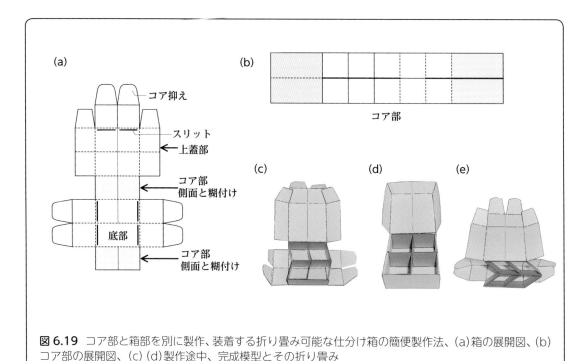

図6.19 コア部と箱部を別に製作、装着する折り畳み可能な仕分け箱の簡便製作法、(a)箱の展開図、(b) コア部の展開図、(c)(d)製作途中、完成模型とその折り畳み

(f) 上蓋付きの箱（底あり）の簡便な 製作法

　折り畳みのできる仕分け箱を作る簡便法として、**図6.13**(d)のようにコアで仕分け箱を作り、これを別に作った折り畳まれる外箱に装着するものがある。上で述べた方法と組み合わせることもできるが、ここでは**図6.19**

(a)に示す外箱とコア部を用いる。コア部の2つの側面を箱部に接着し、残った2つの側面を外箱に設けたコア抑えで抱き、その先端をスリットに挿入して固定する。**図6.19**(c)～(e)に模型の製作途中、完成した状態とこれを折り畳んだ状態を示す。

第7章　折紙の工学化の課題と期待

　本章ではものづくりをさらに進めるために必要な課題、新たな進展を望む課題などを述べる。また、折紙研究自体における明確にすべき学術的問題を示すとともに、折紙研究を一層深化・発展させるための幾何学モデルの開発や他の学術研究との関連や寄与の可能性について述べる。

7.1　ものづくりの課題

　優れた展開能を持つ螺旋状の折り線を用いて円筒、円錐殻、円形膜を折り畳む、あるいは巻き取り収納する手法を数理的に系統立てて開発してきた。幾何学的に許容できれば、どのような形の折り畳みにも対応できるようになったと考えている。製品作りの際には折り目部分を融着するなどの技術も開発され[36]、折紙の知見をベースに商品を生産する手法も進んだ。現状では量産が難しいため、デザイン性や折り畳みの機能を生かし高付加価値の製品開発で、産業化を進めねばならないのだろう。

　折り畳み機能を用いた製品として待望されるものは、瞬時に展開できる救難用品や簡易住宅、折り畳み機能を持つスマート家具や民生品などではなかろうか。また、残された課題としてボトル類の生産がある。簡易に折り畳みのできるボトル類はすでに著者らにより試作／製作され、その有用性が確認されている。このような製品の商品化を何らかの形で、ぜひともわが国で最初に実現させてもらいたい。

(a)　簡便加工法の開発

　薄い膜や紙に、（簡単に折り畳める状態の深い）折り目付け加工を多数同時に施す方法がないのが現状である。この加工の難しさは、幅方向に紙を折ると長手方向が縮む2方向の運動が連動する特性に因る。最も簡単な平面折りでも自動化できないのである。これに対応する方法の1つとして、折られる素材とともに動くフレキシブルな（金）型が考えられるが、その達成にはいまだ問題が残されている[19]。また、近年、飛躍的に進展した人の手の動きを摸擬するロボットハンドによってこの難題が克服されることを期待している。このような課題も、開発コストに見合う高付加価値の商品が考案されると、加工法の開発が多角的に進められ、自然に解決してゆくものかもしれないが、頭の痛い課題である。

(b)　マイクロ折紙

　折り畳み機能を具備したステントグラフト[43]などの超小型の医療用部品や電子機械用部品の開発を進展させるためには、産業界からの具体的な製品の提案と、それに対応できるミリ単位の製品の製作ができる簡素な折紙モデルの開発が不可欠であると考える。プラスチックや金属材料の超精密加工を可能にした3Dプリンターで折り目加工なども実現されるようになった現在、マイクロ折紙技術を用いた製品がわが国で早期に創出されることが待望される。

7.2　折紙手法の学術的な課題

　20年近く研究された剛体折紙の問題も、徐々にその全貌が分かるようになった[44]。実用の構造の多くは展開／収縮の過程で変形の拘束を受ける閉じた構造であるから、すべての模型作りを剛体折りだけではできず、境界の拘束と絡んだ境界値問題として、学術的に議論しなければならない時期に来たと考える。曲線折紙については本書でカバーし得なかっ

たが、著者は、曲線状折り線を細かく分割し、これをつなぎ、直線折紙の延長とした形で対処すべきであると述べてきた[20A]。しかしながら、考えが根本的に異なるアプローチがあり、学術的に厳密に取り組むには議論すべき点が多く、面白い分野であるが真摯に取り組むには気が重い分野ではある。力学者や数学者により明快な解決案の提示が待たれる。

7.3　新しい素材と機能を用いた折紙製品

　ものづくりの世界で期待するものとして、新しい素材を使った折紙作品を紹介したい。**図7.1**(a)は、カーボン製のハニカムを試作する際に、デモンストレーション用に作った折り鶴[20C]である。これは複雑形状の折紙作品

が、カーボン複合材でも作られることを示した点に意義がある。折り鶴などを始め折紙型の陶器製品が販売されているが、ここでは作品例として**図7.1**(b)の花器を取り上げる。これは**4.7節**で述べたアルキメデスの螺旋を用

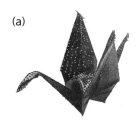
(a)

(b)

図7.1　(a)カーボン複合材製、折り鶴(九州大学、斉藤一哉氏 製作)、(b)信楽焼きの花器(市販品)、平面紙の捩り折り(**図4.14** 参照)

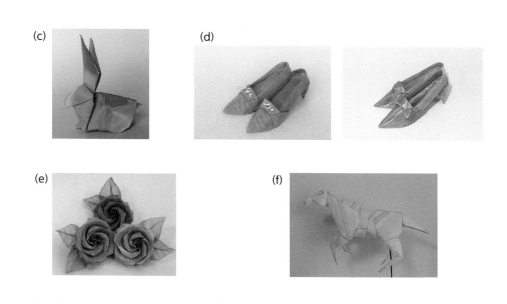

図7.1 (続き)　(c)～(e) マイクロ・メッシュ製のうさぎ、ハイヒール、ブローチ、(f) 樹紙製の木馬。宮本眞理子氏に依頼製作、樹紙；(株)ビッグウイル(徳島県三好市)提供

いた巻き取り収納法に直接関連する作品である。

　図7.1 (c)～(e)は「おりあみ」と呼ばれる、しなやかに曲がる20ミクロン直径の極細の素線で編んだ金網で作った折紙作品である（おりあみの先駆者、宮本眞理子作）。これまでにわが国で蓄積された折紙技法がほぼすべて使え、また、金属特有の重厚感と光沢、酸化などによる色付け、つや消し、伸縮性によるたおやかな形状の創出など、大型作品の製作が可能になれば芸術的評価の高い作品が作られるポテンシャルを秘め、新たなものづくりの可能性を示唆する。図7.1 (f)は木材をスライスして作られた匠の樹紙とも言える

20ミクロン厚さの「木の紙」の折紙である。この素材は壁紙として開発され、その薄さと極薄の和紙の裏打ちで木の脆性を見事に回避している。作品の木馬は正に彫刻の趣があり、木の香りも加味された一品に仕上がっている。

　現状では折紙作品は自身で展開収縮機能を持つことはない。しかしながら、例えば形状記憶ポリマーやスマートファブリックと呼ばれる素材を用いることで、温度や湿度で形状が大胆に変わる折紙作品が作られる可能性がある。先進的な折紙愛好家が、このような素材や機能素材を使って形の可変な折紙作品の製作に挑戦され、折紙と新しい機能が融合した製作分野が開拓されることを期待したい。

7.4　教育への応用の課題

(a) 折紙の知見を用いた幾何学の教育資材の開発

　折紙に関する数学や幾何学的な取り組みはきわめて初歩的、あるいは逆にきわめて専門的なものに2極化しているように思われる。小学校の高学年や中学生用に、折紙の手法が寄与する形の数学や幾何学の教材の出現が待たれる。**第2章**で述べた内心連結による双対折紙は幾何学の正多面体、半正多面体や星型多面体などを折紙の手法で関連付けるものである。この手法は未完で奥行がどれほどあるのか著者自身も分からない。幾何学者により改良・洗練され新たな教育資材として進化発展することを期待している。

(b) 幾何学的な知見に基づく多目的に使える加工素材の開発

　製作を期待するものは、DIYショップなどで手に入るプラスチック製のパネル片で、ものづくりや幾何学の模型作りに使えるものである。ジグザグ面のシートを折紙のように折って、平面シートからでは製作が面倒な立体構造物や機能性に富む作品を簡便に製作できるものである。具体的な例として、**図7.2**(a)は**図6.4**(f)の形の角錐状の凹みを正方形の格子全面に設けたプラスチック製のパネル片である〔**図6.4**(i)〕。**図7.2**(b)(c)はこれから4列切り出し、4角形の柱にしたもので、これは**図7.2**(d)に示す体心立方格子の幾何

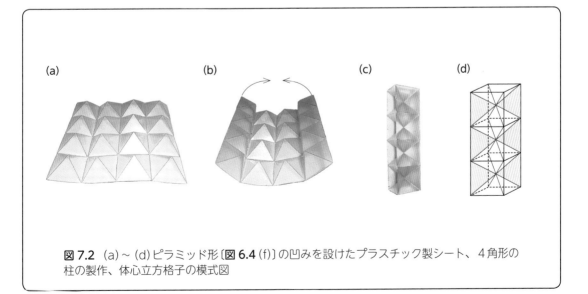

(a)　(b)　(c)　(d)

図7.2　(a)〜(d)ピラミッド形〔**図6.4**(f)〕の凹みを設けたプラスチック製シート、4角形の柱の製作、体心立方格子の模式図

模型になる。**図7.2**(c)を筒に入れると実用できる強靭な柱になる。**図7.2**(e)のように、立方体の展開図になるよう凸面を6つ用いると、菱形12面体の模型を瞬時に作ることができる。これらを面上に隙間なく並べたものが**図7.2**(g)、2段に積み上げたものが**図7.2**(h)である。更に、2、3段積み重ねた模型を製作することで空間充塡形を手に取って実感し、これを理解できると考える。

　正3角形の錐面からなる角錐状の凹みを、正3角形のグリッド上に隙間なく設けたシートから8個分を切り出し[**図7.2**(i)]、折り曲げて接合すると、**図7.2**(j)の星型の8面体になる。これは正4面体と正8面体による空間充塡形の基本模型になる上、頂点が面心立方格子の原子の配置を示す理科模型にもなる。また、正20面体の展開図に従い、20個分切出して折り曲げて接合すると**図7.2**(k)のような20面体型のダヴィンチの星の模型を得る。

　教育やものづくりに利用できる古典幾何学に基づく幾何学模型は多数あり、このような素材の開発を幾何学者に積極的に取り組んでもらえることを望みたい。

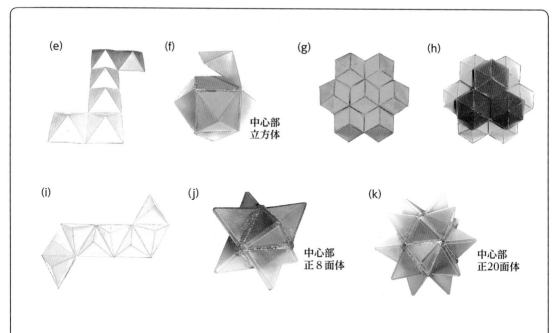

図7.2(続き)　(e)(f)立方体を作るようにして作られる菱形12面体、(g)(h)菱形12面体による空間充塡、(i)(j)正4面体形の三角錐からなるシート、星型の8面体(面心立方格子の原子配置)、(k)正20面体の展開図で作られたダヴィンチの星型20面体模型

7.5 折紙技術と他の学術研究との関連付けと他分野への寄与

　折紙研究を始めた頃の大きな目標は、これを学術研究と呼べるまで洗練することであった。他の学術研究との関連付けを図り、その研究の進展にも何らかの寄与をすることで[20B]、折紙研究が学術的に認知されていくものと考えた。ここでは、折り畳みの研究を始めた頃に研究テーマとして設定した課題 —— いまだ道半ばにも至らない —— である、2つのテーマを紹介しておきたい。それらは生体の折り畳みに関するもので、①アサガオの蕾の開花の折紙によるモデル化と、②昆虫の進化を翅の折り畳みの切り口で考察することである。折紙手法を深化するためには、このような難題への挑戦が不可欠ではないかと考えている。おおよそ十数年前に国際会議で発表し、『ネイチャー』誌でも文献紹介[37]された報告を基に、以下で述べる。

(a) アサガオの蕾の開花のモデル化

　図7.3(a)(b)に示すように、螺旋様に収納されるアサガオの蕾の展開を第4章の円形膜の巻き取りモデルを用いて考える。ここで、図7.3(c)に示すような正6角形を基本形とし、式(3.6)で$\gamma = 84°$、$\beta = 36°$とし（$N = 6$、$\gamma + \beta = 120°$）、対称となるよう$\alpha = \gamma$とする。これにより、ハブの回りにリブと名付けた2等辺3角形（頂角12°）が6個描かれ、残りの部分を花弁部とする。図7.3(c)より

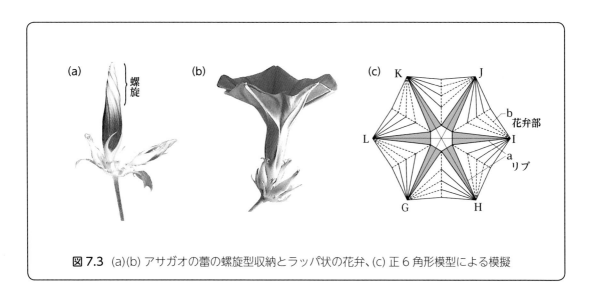

図7.3 (a)(b) アサガオの蕾の螺旋型収納とラッパ状の花弁、(c) 正6角形模型による模擬

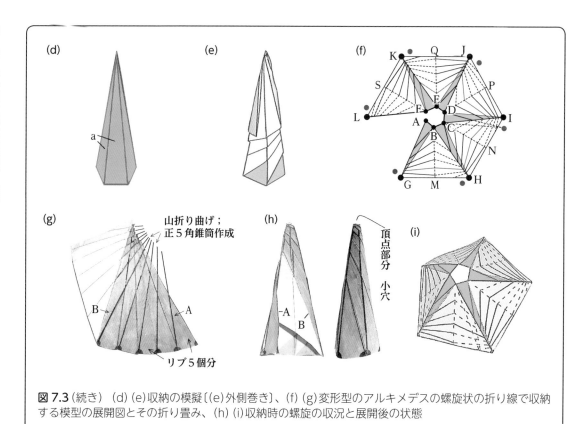

図7.3（続き）（d）（e）収納の模擬〔（e）外側巻き〕、（f）（g）変形型のアルキメデスの螺旋状の折り線で収納する模型の展開図とその折り畳み、（h）（i）収納時の螺旋の収況と展開後の状態

5個分取り、リブで正5角錐を形成し〔**図7.3**（d）〕、花弁部をこの内部に巻き付けた形で収納する。内部を外から見ることはできないため、花弁部を角錐の外側に巻き付けた仮の形で示したものが**図7.3**（e）である。これらの図から、用いた対称モデルではアサガオの蕾に見る螺旋模様〔**図7.3**（a）〕が表面に現れることはないことが分かる。

次に、$\gamma = 84°$、$\beta = 36°$を変えずに$\alpha = 72°$として、**図7.3**（f）に示すように頂点が正6角形の頂点からずれた非対称の展開図を作る。図のリブの右辺をすべて折ると**図7.3**（g）に

示す形になる。花弁部分Cを丸めて角錐内部に押し込むようにして辺AとBを糊付けすると**図7.3**（h）を得、模型の表面には蕾と同じような螺旋模様が現れる。この折紙模型をいったん展開する〔**図7.3**（i）〕と元の蕾の形に収納するのはほぼ不可能である（アサガオの蕾は開花し受粉後、花弁が萎びて自由縁を閉じる）。

厳密には、成長しながら開花する過程をこのようなモデルで対処することには問題はあるが、アサガオの開花時の動作は粗方、用いた折紙模型で表されるものと考えている。な

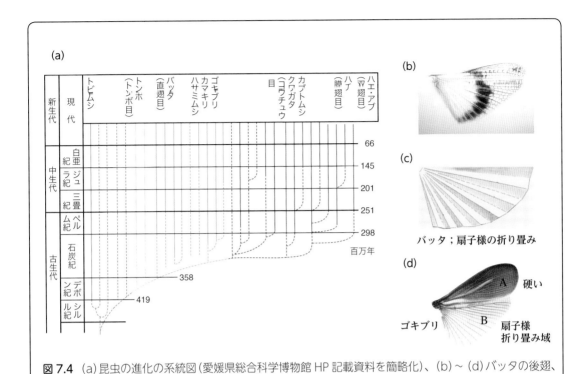

図7.4　(a)昆虫の進化の系統図（愛媛県総合科学博物館 HP 記載資料を簡略化）、(b)〜(d)バッタの後翅、その模型とゴキブリの後翅

お、このような開花は成長だけによるのではなく、導管内の圧力も開花の駆動力の１つになるであろうと考えた。この導管圧力の寄与をヒントにして考えたものが、大型の折り畳み円筒の折り線部の加圧による展開である（**第４章末コラム**参照）。

(b) 昆虫の後翅の折り畳みとその進化

図7.4(a)に昆虫の進化の系統図を示す。図はトビムシを最初に、（折り畳むことが不可の）トンボ(目)、直線状の翅脈に由来する直翅目科のバッタ、ハサミムシ(目)とゴキブリ(目)を経て、甲(カブト)のように固い前翅

と折り畳まれる後翅を持つカブトムシなどのコウチュウ(甲虫目)、後翅に比べ前翅がきわめて大きくなったハチ(膜翅目)や後翅が退化し前翅だけのように見えるハエ、アブ(双翅目)と進化したことを示す。

折り畳みの観点から見ると、**図**7.4(b)に示す代表的な直翅目科のバッタの後翅は扇子状に折り畳まれることが分かる〔**図**7.4(c)〕。この扇子状の折り畳みを起点に、翅を効率よく折り畳んで収納するカブトムシなどのコウチュウ類が出現する前にハサミムシ、ゴキブリなどが出現している。**図**7.4(d)はゴキブリの後翅で、その上半分Ａは硬く、下部Ｂは

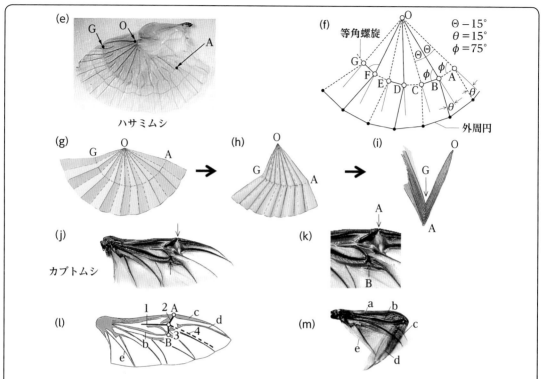

図7.4（続き）（e）〜（f）ハサミムシの後翅、その折り畳みの展開図と折り畳みの様子、（j）〜（l）カブトムシの後翅、矢印部拡大図、点A、Bで折れ曲がり可能、折り線（1節点4折り線）の配置、（m）折り畳み後の様子

きわめて軟らかく、折り畳まれる。

図7.4（e）はハサミムシの後翅の顕微鏡写真で、その折り線図は**4.7（b）節**で示した等角螺旋により表すことができ[45]、折り線図と折り畳みの様子を示したものが**図7.4**（f）〜（i）である。コウチュウの巧妙な折り畳みへの進化の起点は、このハサミムシにあるのではと考えられる。

図7.4（j）（k）はカブトムシの後翅と折り線部分の拡大図で、太い頑丈な支脈の中ほどに極薄の部分が2か所（点A、B）があり、ここで容易に折れ曲がる。結果、**図7.4**（l）の太線（1~4）で示した1節点4折り線の折り線図が作られ、**図7.4**（m）のように折り畳まれる。折り畳まれた後翅は上から硬い前翅で守られ収納される。カブトムシなどの甲虫についてのこのような分析報告は、20年以上も前から多く見ることができる[45]。さらに複雑・巧妙な折り畳みを呈するハネカクシ[46]などの後翅の折り畳みの様子についての報告[47]はあるが、折り畳み線図などはいまだ明確にはなっていないと考えられる。

付 録

付録1　コルゲート模型の製作法

図 2.25 (a)の立方体の展開図を基本に説明する。図 A1 (a)のように、内心 (中心)から頂点へ谷折り線4本、辺に垂直に山折り線4本 (タイプBの折り線)を引くと、立方体の展開図は図 A1 (b)のように、4等分された小さな正方形24個からなる。これを立方体の8個の頂点部 (○印)に3個ずつ配置された形と見る。3個ずつ配置された小さな正方形部分は新たに設けた谷折り線で直角3角形3個からなる (凹の) 3角錐[図 A1 (c)]を作る。結果、頂点部に8個の (凹の) 3角錐が作られ、これらの3角錐の頂点は正8面体の中心で合致し、正8面体のスケルトンを形作る[図 A1 (d)]。

図 A1 (e)に示す山、谷折り線を交互に設けたタイプCの折り線を用いて図 A1 (f)に示す展開図を作る。凹んだ3角錐を作る部分[図 A1 (g)]はジグザグ折りにされて、3角錐[図 A1 (h)]から概略平面のコルゲート面[図

A1 (i)]に加工される。結果、図 A1 (m)に示す全面がコルゲート面からなる正8面体模型を作ることができる。

図 A1 (j)は小さな正方形に符号 A~H を付けて示したもので、立方体を作ったとき同符号の3個が1つの頂点に集まることを示す。3個を図 A1 (g)の形になるよう集めると、図 A1 (f)の展開図は図 A1 (k)に書き換えられる。これを用いると、製作途中の様子は図 A1 (l)のようになり、図 A1 (f)を用いるよりも模型[図 A1 (m)]を作る手間、特に、仕上げ時の糊付け作業がかなり軽減される。

図 A1 (n)はタイプCの折り線図の正3角形で、これを用いると正20面体展開図[図 2.28 (a)]の頂点部分は図 A1 (o)のようになる。

中央に正5角錐を作る折り線図[図 A1 (p)]が作られる。この部分の角錐の様子[図 A1 (q)]とこれより作られるコルゲート面を[図 A1 (r)]に示す。

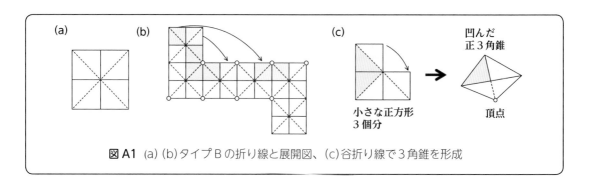

図 A1 (a)(b)タイプBの折り線と展開図、(c)谷折り線で3角錐を形成

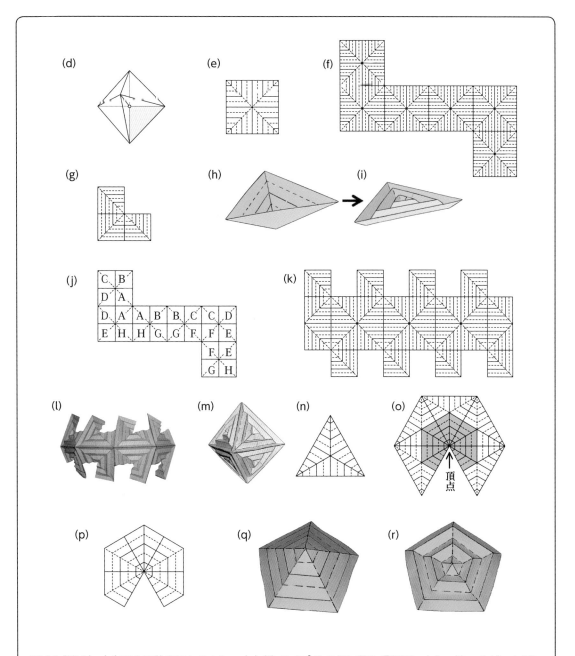

図A1（続き）（d）正8面体のスケルトン、（e）（f）タイプCの折り線と展開図、（g）〜（i）コルゲート面に加工、（j）正方形の配置と符号付与、同符号の3個が1組、（k）図（g）の形を基本に作った展開図、（l）製作途中の様子、（m）全面がコルゲート面の正8面体模型、（n）正20面体展開図の作成時に用いるタイプCの折り線図を付与した正3角形、（o）（p）頂点部分に正3角形を5個集めた時の模様と中央部に作られる正5角錐の展開図、（q）（r）正5角錐とコルゲート面

付録2　黄金比、黄金角とフィボナッチ数

(a) 黄金比と黄金の鈍角および鋭角2等辺3角形

　正5角形の1辺の長さを1とし、各点を**図A2**(a)のように定め、対角線の長さ(AC、BEなど)をXとする。正5角形の内角を対角線で分割すると内角(108°)は3等分され、例えば、∠BAC＝∠CAD＝∠DAE＝36°となる。図には2種類の2等辺3角形を見ることができる。1つは黄金の鈍角2等辺3角形と呼ばれる△FABのような頂角108°、底角36°の2等辺3角形、もう1つは黄金の鋭角2等辺3角形と呼ばれる△AFJのような頂角36°、底角72°の2等辺3角形である。△ABGは鋭角の2等辺3角形であるから、辺AGの長さは1である。すなわち、CG＝X−1である。△ABCと△BGCは相似であるから、これらの3角形の辺の比の関係より、$X/1＝1/(X−1)$となる。すなわち、次式を

得る。

$$X^2 - X = 1 \tag{1}$$

　この式の解は$X_1＝(1+\sqrt{5})/2≒1.61803$、$X_2＝(1-\sqrt{5})/2≒0.61803$となる。$X_1$を黄金比 $\phi＝(1+\sqrt{5})/2≒1.618$ と定義する。ϕ は式(1)の解であるから次式が成り立つ。

$$\phi^2 = \phi + 1 \tag{2}$$

　図A2(b)に示すように、黄金の鈍角2等辺3角形は小さな鋭角2等辺3角形と2つの鈍角2等辺3角形でできており、底辺と等辺の長さの比は黄金比である。**図A2**(a)の△ACDの黄金の鋭角2等辺3角形は黄金の鈍角2等辺3角形と鋭角2等辺3角形からできており、この3角形も底辺と等辺の長さの比は黄金比である。これを**図A2**(c)に示す。

　黄金比は正12角形に関連する正12面体、

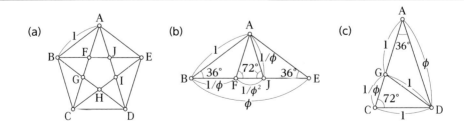

図A2　(a)正5角形の対角線による分割、黄金の鋭角2等辺3角形と鈍角2等辺3角形が多数出現、(b)(c)黄金の鈍角2等辺3角形(頂角108°)と黄金の鋭角2等辺3角形(頂角36°)

正 20 面体などの正多面体やサッカーボール
などの半正多面体、星型正多面体などの重要
な幾何学模型の寸法諸値に頻繁に表れるきわ
めて重要な数値である。

(b) 黄金分割と黄金角

　図 A3(a)に示すように線分 AC(長さ 1)を
黄金比に分割することを黄金分割と言う。す
なわち $b/a = \phi$ である。この比に分割すると
$a = 1/(\phi + 1)$、$b = \phi/(\phi + 1)$ となる(a
$+ b = 1$)。a と b をより簡易に表記すると
〔**図 A3**(a)の下部、算出式参照〕

$$a = 2 - \phi \fallingdotseq 0.382, \quad b = \phi - 1 \fallingdotseq 0.618 \quad (3)$$

となる。また、$(a+b)/b = 1/(\phi - 1) = \phi$
となり、全長 $(a+b)$ と分割後の大きなほう
の長さ b の比もまた黄金比となる。

　図 A3(a)を丸めて円にしたものを**図 A3**
(b)に示す。ここでは、小さい弧 a の部分の
角度 $\psi = 360° \times (2 - \phi) \fallingdotseq 137.50776°$ を
黄金角と定義する。黄金角 ψ は円周を黄金
比に分割する点を与える。

(c) フィボナッチ数

　黄金比、黄金角に関連する数列にフィボ
ナッチの数列があり、

　1、1、2、3、5、8、13、21、34、55、89、
　144、233、377…

のように表される。この数列は 1 からスター
トし、各項はその前の 2 項の数の和、例えば
34 はその前の 2 数、21 と 13 の和である。こ
の数列の隣り合う項の数比は無限大のとき、
黄金比になるなどの性質を持つ。例えば、
34/21 ≒ 1.619 で黄金比 ϕ にきわめて近い値
となる。黄金比 ϕ とこの数列の関係の一例を
示すと以下のようになる。式(2)を用いて、順
次、ϕ^n を算出する。

$$\phi^2 = 1\phi + 1 \quad (2)$$
$$\phi^3 = \phi^2 \phi = (\phi + 1)\phi = \phi^2 + \phi$$
$$= (\phi + 1) + \phi = 2\phi + 1$$

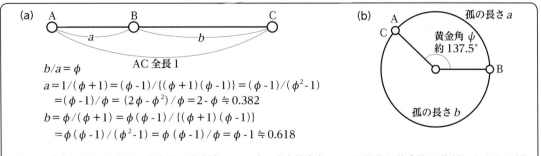

図 A3　(a)長さ 1 の直線を黄金比で分割($b/a = \phi$)、(b)黄金角 ψ；円周長を黄金比で分割したときの短
いほうの円弧が中心に張る角度

$$\phi^4 = \phi^2\phi^2 = (\phi+1)(\phi+1)$$
$$= \phi^2 + 2\phi + 1 = (\phi+1) + 2\phi + 1$$
$$= 3\phi + 2$$
$$\phi^5 = \phi^3\phi^2 = (2\phi+1)(\phi+1)$$
$$= 2\phi^2 + 3\phi + 1 = 5\phi + 3$$
$$\phi^6 = 8\phi + 5$$
$$\phi^7 = 13\phi + 8$$
$$\phi^8 = 21\phi + 13$$

すなわち、ϕ^n は ϕ の 1 次式 $p\phi + q$ の形で表され、係数 p と q はフィボナッチ数列の隣り合う 2 数である。これらの式から、黄金比 ϕ とフィボナッチ数には強い相関関係があることが分かる。フィボナッチ数は公約数を持たないことがその特徴で、項数を無限に大きくすると、隣り合う数の比が黄金比に近付くため、最も無理数に近い有理数といわれることもある。

フィボナッチ数列は、生物、特に植物の葉や花の螺旋状の配列の説明に頻繁に用いられてきた。松ぼっくりの球果［**図 3.2** (f)］やひまわりの種子の配列（**第 4 章コラム**）の模様に見られる、時計回りと半時計回りの螺旋の数は連続する 2 つのフィボナッチ数（5 と 8）や（21 と 34）からなっており、これらの配列や模様がうまく説明できるとされる。なお、これらの螺旋は本文の**図 3.2** (h) で述べたように、等角螺旋で描かれた生成螺旋上に黄金角で等間隔に配置された点を結んで作られている。

付録3　等角螺旋状折り線による円形膜の折り畳み収納モデルの一般化

図 **A4** に示すように、円形膜円(半径；R_0)の外周上の点 A から右上方向に、半径方向と角度 ψ をなす線分 AB を引く。ここで線分 AB が中心に対して張る角を $n\Theta$ とする(**図4.15** においては、$n\Theta$ を α、後述の $m\Theta$ と $j\Theta$ を β で表している)。次に点 B から同じ角 ψ と $n\Theta$ を用いて線分 BC を描き、順次同様の手順で、点 C、D…を定める。これらの点を結ぶと等角螺旋を形作る。これを(主の)折り線①と呼ぶ。次に点 A から反時計回りに動いた外周上の点 E から左上方向に、半径方向と角度 ϕ をなす線 EF を引き、線分 EF が中心に対して張る角を $m\Theta$ とする。次に、点 F から半径方向と角度 χ をなす線分 FG を引く。ここで線分 FG が中心に対して張る角を $j\Theta$ とする。角 ϕ と χ を交互に取り、点 H、I、J…を定める。この組合せを1組としてジグザグの(副の)折り線②を描く。$(M/2)$回ジグザグを繰り返して点 I に来るとし、図のように点 I が点 B と一致する場合を1段上がり、点 I が点 C と一致する場合を2段上がりと呼ぶ。図は1段上がりのモデルである。点 H、J…からも、螺旋①を得たのと同様に角度 ψ で等角螺旋群を描き、これらを折り線③、④とする。

$\angle ABH = \psi + \chi + (n+j)\,\Theta$、$\angle JBC = \psi + \phi$ であるから、1つの代表点、点 B での折り畳み条件は

$$\phi + 2\psi + \chi + (j+n)\,\Theta = 180° \qquad (4)$$

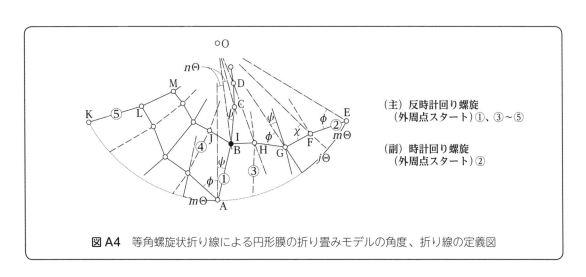

（主）反時計回り螺旋
　　（外周点スタート）①、③〜⑤

（副）時計回り螺旋
　　（外周点スタート）②

図 A4　等角螺旋状折り線による円形膜の折り畳みモデルの角度、折り線の定義図

で与えられる。もう1つ別の代表点、点Hでの折り畳み条件は、∠QHG＝$\psi + \phi + (n+m)\Theta$、∠BHR＝$\chi + \phi$ であるから、次式で表される。

$$\phi + 2\psi + \chi + (m+n)\Theta = 180° \qquad (5)$$

式(4)と式(5)は同時に成立たねばならないから、$j = m$ となる。すなわち、折り線上の節点は円形膜の中心から見ると、等角度で分配されなければならない。

点Bの半径を R_1 とすると、$r \equiv R_1/R_0$ は △OAB に正弦定理を用いて、r は

$$r \equiv \sin\psi / \sin(\psi + n\Theta) \qquad (6)$$

で表される。点C、D、…は順次、r^2、r^3、…で与えられる。折り線②上の点Fの無次元半径を p とすると p は次式で表される.

$$p \equiv \sin\phi / \sin(\phi + m\Theta) \qquad (7)$$

また △OGF に着目し、$j = m$ として、半径 OG と半径 OF の比を q と置くと q は

$$q \equiv \sin\chi / \sin(\chi + m\Theta) \qquad (8)$$

で表される。すなわち、点Gの無次元半径は pq で、点H、I、…のそれらは順次、p^2q、$(pq)^2$、p^3q^2、…で与えられる。

副の折り線上の M 個の節点を経て S 段上がりの点に合流する場合、合流点の無次元半径は折り線①に沿って r^S、②に沿って $(pq)^{M/2}$

となる。これらを等置して次式を得る。

$$r^S = (pq)^{M/2} \qquad (9)$$

外周点から出る主の折り線群（①、⑤、…）の数を N、すなわち、円形膜を N 個の湾曲した扇形の大要素に分割する。この大要素をさらにジグザグ数に応じて、M 個の小要素に分割する。大要素が中心に対して張る角は $Mm\Theta + n\Theta$ であるから、1段上がりの場合には、円形膜の角度の分配則として、次式が成立つ。

$$N(Mm + n)\Theta = 360° \qquad (10)$$

一般に S 段上がりの場合には、分配則は次式で与えられる。

$$N(Mm + Sn)\Theta = 360° \qquad (11)$$

以下ではこれを解くため、最初、分配方法で決まる N、M、$m\Theta$、$n\Theta$、あるいは S を定数として与え、ϕ、χ、ψ を未知数とし、関係式として、折り畳み条件式(4)、折り線の連続条件式(9)を用いる。分配式(10)または(11)を上の条件式に用い、もう1つ何らかの所望する条件、あるいは ϕ、χ、ψ の1つを定数として与えると未知数を決定できる[7]。本付録は論文（文献7）の基本部分を要約したものである。円錐形状膜の巻取り法、主の折り線をジグザグにする例など、より一般的な場合については上記論文を参考にしてほしい。

付録4　折紙模型の製作

模型の製作は後述の展開図を拡大コピーして用いる。3、4枚程度重ねた新聞紙上に展開図を置き、ボールペンと定規を用いて正確にすべての折り線をしっかりとなぞる。これにより紙の繊維を軽く切断し、折り目を正確に作ることで折る作業がきわめて簡単になる。紙が破れないようにペンを押さえる強さを2、3回試しておく。

折紙模型は以下の4例である。

(a) DNA 型の2重螺旋模型、(b)コラーゲン型の3重螺旋模型、(c)円形膜の巻き取り模型(膜厚を考慮した模型)、(d)全面凹の12面体とこれを用いた芯部が可視化された星型の大20面体の模型

模型についての説明はそれぞれ展開図に添付している。模型(c)については少し長くなるので以下で先に述べる。

円形膜の巻き取り模型の製作は〝面倒な上、難しい〟という声を聞く。**図A5**(a)を用いてこの模型を直接折ることは困難であるため、中央の正12角形のハブを切り抜いて折り、その後ハブを糊付けして作っている。ここではさらに製作を容易にするため、**図A5**(b)のように展開図を4分割して得られる**図A5**(c)の要素を基本にする。**図A5**(d)に示すように扇形の半径方向の山、谷折り線を折ると湾曲して**図A5**(e)のように時計回りの微細な折り線がピッタリと重なる。全体を丸めな

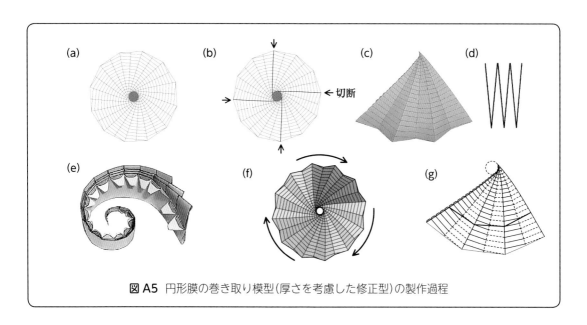

図A5　円形膜の巻き取り模型(厚さを考慮した修正型)の製作過程

がら重なった微細な折り線は爪を立てまとめて折り曲げる。これを4個作り平面に戻して、糊付けして得た**図A5**(f)をうまく巻き取れるかを確認した後、平面に戻して上から別に作ったハブを注意深く糊付けする。なお、巻き取るのがそれなりに難題である。中央を押さえて周りを回転させながら巻き取る（あるいは逆）。しかし、人の手助けがあると、この作業はきわめて簡単である。糊付けの問題などで巻き取れないときには**図A5**(g)のようにカッターナイフで切断し、小さな円にして巻き取りができることを確認した後、切断した外側と裏面で接合して元の大きさに戻す。

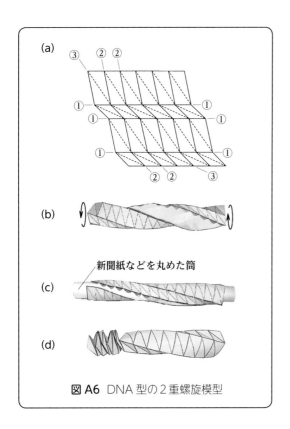

(a)

(b)

新聞紙などを丸めた筒

(c)

(d)

図A6 DNA型の2重螺旋模型

2重螺旋展開図

(a) DNA 型 2 重螺旋模型の制作

　図 A6 (a) に示すように、これらの展開図は 3 種の折り線で作られ、直線の山折り線①、少し右下がりの山折り線②と斜め下方向の谷折り線③からなる。これを考慮して 1 本線として折ると作業は想像するより簡単である。節点での折り目付けが特に重要である。捩りながら、すべての節点で折り畳みがしっかりできることを確認したのち〔**図 A6** (b)〕、新聞紙などを丸めて少し細めの円柱を作り、この上で糊付けする〔**図 A6** (c)〕。糊付けしたのち、節点部を指先で押し込んで凹凸をつけながら端部から順次折り畳む〔**図 A6** (d)〕。

(b) コラーゲン型の 3 重螺旋模型

　展開図の基本形状は**図 A7** (a) の平行 4 辺形の対が 3 個水平方向に並んだものである。閉じる条件は式 (3.4) で 2 を 3 に換えて $3(\alpha_1 +$

$\alpha_2) \times 2 = 360°$ より $\alpha_1 + \alpha_2 = 60°$ を得る。展開図は $\alpha_1 = 15°$、$\alpha_2 = 45°$ とし、$\beta_1 = \beta_2 = 30°$ とした。完成模型を**図 A7** (b) に示す。

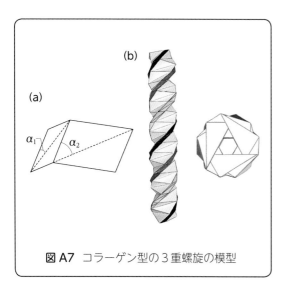

図 A7　コラーゲン型の 3 重螺旋の模型

3 重螺旋展開図

(c) 円形膜の巻き取り模型 (膜厚を考慮した模型)

図 A8 にハブを貼り付け後の円形膜と巻き取り収納後の様子を示す。中央のハブには厚い目の紙を用いるとよい。下に示す展開図を 4 個作って折り目付けを行った後、貼り付ける。A、B を別のパーツの A'、B' に貼り付け、糊代部 3 個で中央のハブの角度 90°分になる。

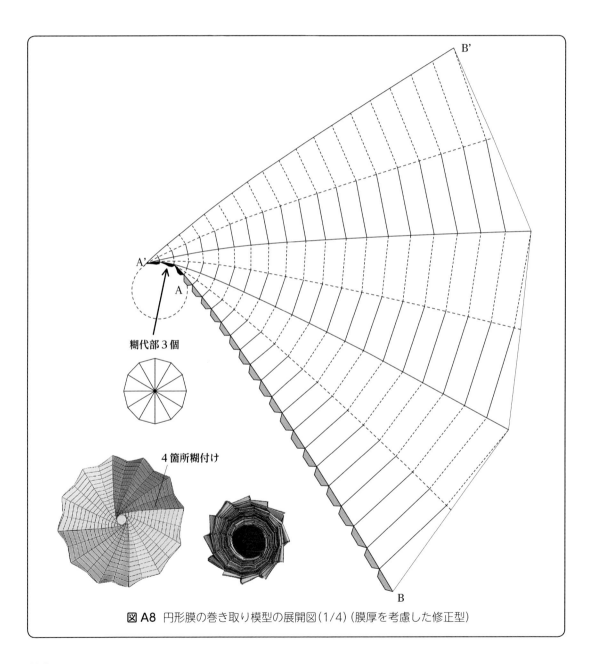

糊代部 3 個

4箇所糊付け

図 A8 円形膜の巻き取り模型の展開図 (1/4) (膜厚を考慮した修正型)

(d) 全面凹の 12 面体と芯部が可視化された大 20 面体の模型製作

図 A9（a）のように正 6 角形を 6 分割した図を描き、1 つの正 3 角形を隣のそれの上に貼り付け、正 5 角錐を作る。図 A9（b）はこの凹面の角錐体の頂点に穴明けし、釘を差し込んで正 20 面体の頂点と連結した図である（釘表面にボンドなどの接着剤塗布）。正 20 面体の正 3 角形の辺長を 1 とし、凹面体の 3 角形の辺長を $\phi \fallingdotseq 1.618$ とする。凹面の錐体と正 20 面体の屋根部分（ピンク色部）は相似形である。

図 A9（c）を用い、（凹面の）12 面体の半分を作る。ここでは、市販の硬質透明塩ビ製の

カード入れ［図 A9（d）[*1]］を解体し、折紙的な加工に供する。図 A9（d）を解体した塩ビ板の裏にホッチキスで止めた後、表より尖ったボールペンなどで全節点（黒丸点）を強く凹ませ、位置を決める。次に、図 A9（e）に示すように石などで擦って刃先を少し潰したカッターナイフ[*2]ですべての谷折り線に傷を付ける。谷折り線を傷つけ後、塩ビ板の裏側から刃先で同様に山折り線分の傷を入れる。

薄い塩ビ材はハサミで切りやすく、脆く容易に割れる素材である。割ることなくうまく折り曲げ加工するには、多少の馴れを要する。ナイフ傷が鋭いと、曲げる力が限度を超えた途端に、瞬時に破断する。そのため、試料板

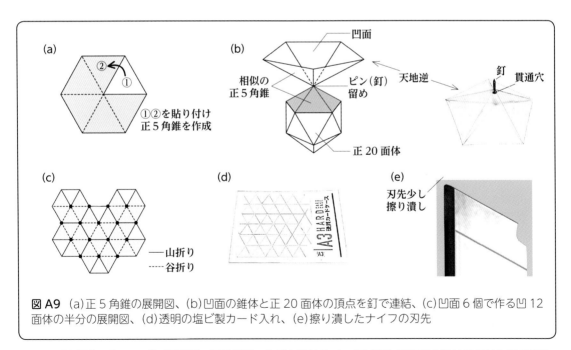

図 A9　(a)正 5 角錐の展開図、(b)凹面の錐体と正 20 面体の頂点を釘で連結、(c)凹面 6 個で作る凹 12 面体の半分の展開図、(d)透明の塩ビ製カード入れ、(e)擦り潰したナイフの刃先

＊1　100 円均一ショップで調達可、周囲の硬い枠部を切り捨て、塩ビ板入手不可の時はアクリル板で代用
＊2　傷底の鋭さを適度に鈍くすると、脆い割れの発生が抑えられ折り曲げ加工がしやすくなる

の端材を使って、うまく折り曲げる条件を傷の深さを変えて（2、3種類）試しておく。10分も試せばうまく折れるコツが分かる。**図A9**(f)に示すように、裏側に指を押し当て（傷が開口するよう）折る量を加減しながら、片方の手指で中央から端へゆっくり折り曲げる。折り曲げる部分の近傍が淡い白化を伴うとき、割れることなくうまく折れる。加工に先立ち、**図A9**(c)の全節点●に1 mm径ほどの穴を明けておく[*3]。**図A9**(g)に示す凹面体を2つ作り、これらの頂点に明けた穴を通

して接着材を付けた釘を差し込み、正20面体の頂点部に設けた穴に固定する。2つの半球分を接合すると、凹の正5角錐面からなる12面体（可視化された大20面体の芯部分）ができ上がる[**図A9**(h)]。

図A9(i)に示す展開図を用いて作った星型断面の角錐を**図A9**(j)に示す。紙でこれを数個作り、**図A9**(h)の模型の窪みに貼り付ければ大20面体の芯の部分の構造をつぶさに見ることができ、この星型の基本構造やその成り立ちを体感・理解できる。全12個を透明

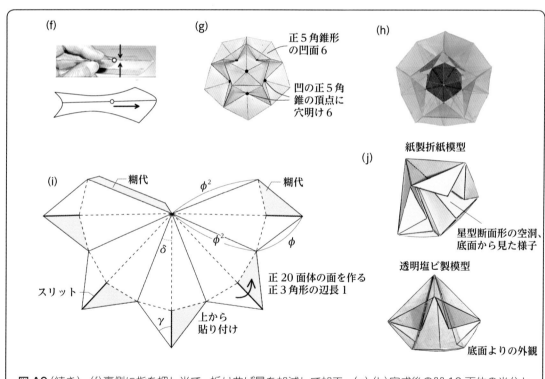

図A9（続き）　(f)裏側に指を押し当て、折り曲げ量を加減して加工、(g) (h)完成後の凹12面体の半分と2個貼り合わせて作られた大20面体の芯部、(i) (j)星型断面の角錐の展開図と模型

*3　釘の頭をペンチで摑み、釘先をライターで5、6秒加熱し、高温の釘で溶融穴明けを推奨（良好な穴明けが簡単）

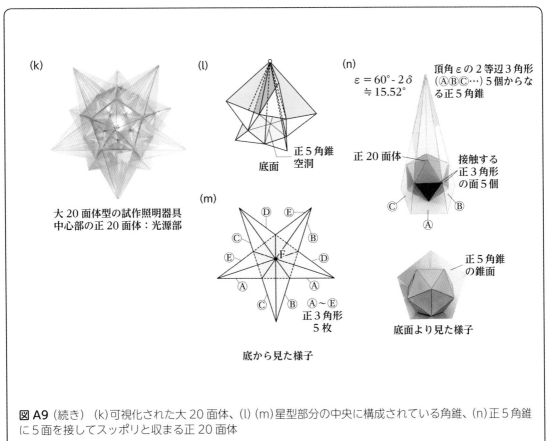

の塩ビ板で作ればすべてが可視化された大20面体ができる〔図A9（k）〕。幾何学模型の中で最も美しいものの1つとされるこの星型が、ランプなどの形で仕上げられ、より洗練された形で教育の現場に登場することを望みたい。図A9（j）の折紙模型の星型の内部は空洞であるが、大20面体の頂点部では正3角形5枚がここで合致するように組み上げられているため、その中心部には正5角形の角錐が形成されている〔図A9（l）（m）〕。この角錐は頂角 ε ≒ 15.52°（第2章コラム、図（u）参

照）の2等辺3角形5個で作られ、この角錐の5面に芯とする正20面体の5面が張り付いた状態の関係にある〔図A9（n）〕。すなわち、この頂角εの2等辺3角形の部分を正3角形に換えると図A9（l）（m）の模型になる。この模型と大20面体を並べて見ていると、この星型が発見された過程が手に取るように分かる。

なお、芯になる正20面体と各パーツの寸法比やγ、δなどの角度は第2章コラムを参照してほしい。

(k) 大20面体型の試作照明器具 中心部の正20面体：光源部

(l) 正5角錐 空洞 底面

(m) 正3角形 5枚 底から見た様子

(n) 頂角εの2等辺3角形（Ⓐ Ⓑ Ⓒ…）5個からなる正5角錐
$$\varepsilon = 60° - 2\delta ≒ 15.52°$$
正20面体 接触する正3角形の面5個
正5角錐の錐面 底面より見た様子

図A9（続き）（k）可視化された大20面体、（l）（m）星型部分の中央に構成されている角錐、（n）正5角錐に5面を接してスッポリと収まる正20面体

付録5　捩り試験

(a) 円筒の捩り座屈の実験と折り畳みのできる円筒の設計

図4.2の捩りによる折り畳み実験を行うと、実際得られる皺形状は模式的に示した図4.2(c)のようにすべてが同じ寸法になることはほとんどない。これらの大きさをできるだけ同じにし、生じる皺の数をコントロールするためには何らかの手立てを行わねばならない。ここでは、2つの円形断面の空き缶のうちの1つを、図A10(a)のようにボール紙で自作した正多角形の筒に置き換える。上部の空き缶を移動させることで図A10(b)の試験部長さLを変えることができるため、支配角αが一定なのか否か、正多角形の辺数が変

わればαがどのようになるのかなどを調べることができる[第4章、式(4.1)で確認]。

図A10(c)は試験片とする紙を示したもので、狭いめの糊代*と角柱に対応するよう折り目付けを施す線、および下端に正6角柱をスムーズに挿入するための切り込みを設けている。図A10(d)は捩られた状態、図A10(e)は正8角柱の場合を示したものである。

図A10(f)(g)は試験後の試料を切り開いたもので、生じた折り目をなぞって各線を定め、角度α、βの平均値を出す。得られたα、βを用いて図A10(h)のような順螺旋の展開図、図A10(i)のような反転螺旋の展開図を得て模型を作る。

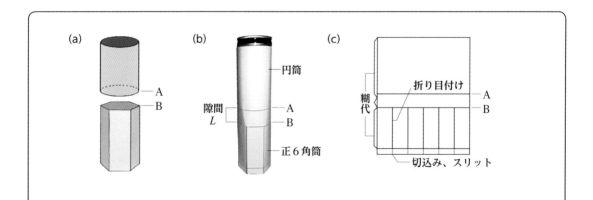

図A10　(a)(b)円形缶の1つを正多角形の筒に置き換え、L：試験部分の長さ、(c)試験片の製作、糊代、折り目付け、切込みの設定

＊　糊代部分は糊付けした際、その部分が強化されて不均一な試験片になることを避けるため、狭ければ狭いほどよい

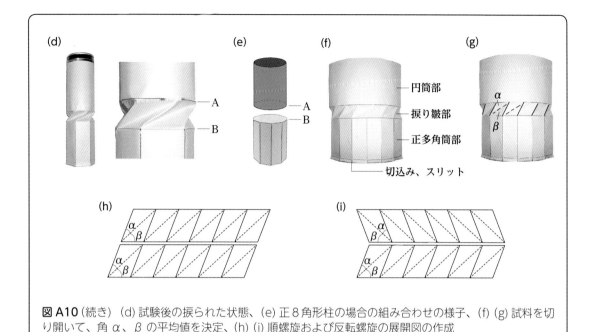

図 A10（続き）（d）試験後の捩られた状態、（e）正8角形柱の場合の組み合わせの様子、（f）（g）試料を切り開いて、角 α、β の平均値を決定、（h）（i）順螺旋および反転螺旋の展開図の作成

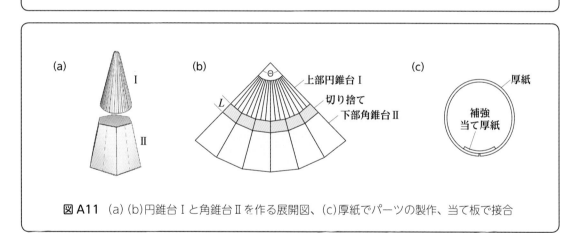

図 A11　（a）（b）円錐台Ⅰと角錐台Ⅱを作る展開図、（c）厚紙でパーツの製作、当て板で接合

（b）円錐殻の捩り座屈の実験と折り畳みのできる円錐の設計

　円錐殻の実験は、**図 A11**（a）に示すように円錐台Ⅰと角錐台Ⅱ双方のパーツを自作し、円筒と同様の手順で行う。**図 A11**（b）はこれらを作る展開図を示したもので、ボール紙で頂角 Θ の扇形を切り出し、外側部分をⅡの角錐台、内側部分をⅠの円錐（台）にする（中央部は用いず）。厚紙で作る2つのパーツは糊代ではなく、内部に当て板を用いて補強を兼ねて接合する［**図 A11**（c）］。厚紙を精度よく折るため、折り目部分にカッターナイフで

軽く切れ目を入れる。**図A11**(d)は試験片で、山折りの折り目は角錐台に沿うよう設け、ガイド線は目安とし、扇形の中心部は円弧に切り抜いておく。2つのパーツを**図A11**(e)のような配置になるよう挿入し、両手でしっかり摑んで捩る。**図A11**(f)(g)は捩った後の状態とこれを半径方向に切断して、平面化したものである。**図A11**(h)(i)に示すように生じ

た折り目を明示して、角度 α、β、θ などの平均値を求め1段分を市販の円形グラフ上に描く〔**第4章**、式(4.2)で α 値の確認〕。次に半径 r_0 と r_1 とを求め、縮小比 $r_1/r_0 \equiv p$ を定める。2段目はこの縮小比を用いて**図A11**(j)のように求める。市販の円形グラフを用いて、あるいはパソコン上で円筒の場合と同様に順螺旋型、反転螺旋型の展開図を作成する。

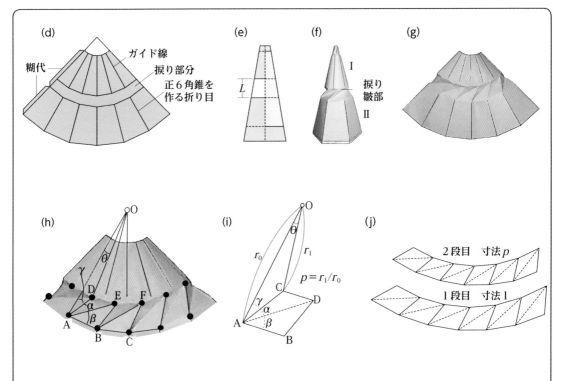

図A11(続き) (d) 試験紙；山折りの折り目、ガイド線、(e)(f) 試験紙の配置、捩った状態、(g) 図(f)を半径方向に切断した試料、(h)(i) 角度 α、β、θ と縮小比 p などの諸値を決定、(j) 縮小比 p で複数個作図し積み上げて展開図を作成

参考文献

（1） 野島武敏「平板と円筒の折りたたみ法の折紙によるモデル化」『日本機械学会論文集C』, **66**（643）, 1050-1056（2000）.

（2） 野島武敏「折りたたみ可能な円錐殻の創製」『日本機械学会論文集C』, **66**（647）, 2463-2469（2000）.

（3） 野島武敏「容易な展開を考慮した薄い円形膜の折りたたみ法の折り紙によるモデル化」『日本機械学会論文集C』, **67**（653）, 270-275（2001）.

（4） 野島武敏「薄い円形膜の折りたたみ法のモデル化（等角ら旋様式による折りたたみ法）」『日本機械学会論文集C』, **67**（657）, 1669-1674（2001）.

（5） 野島武敏「異なる要素形状の組み合わせからなる折りたたみ可能な筒状構造」『日本機械学会論文集C』, **68**（667）, 1015-1020（2002）.

（6） 野島武敏, 亀井岳行「ら旋状の折り線で構成された折りたたみ式円錐殻の折紙によるモデル化」『日本機械学会論文集C』, **68**（667）, 1009-1014（2002）.

（7） 野島武敏「展開の容易な円形膜の折りたたみ / 巻き取り収納法」『日本機械学会論文集C』, **70**（689）, 251-257（2004）.

（8） 野島武敏,『構造工学ハンドブック』（矢川元基ほか編）, 第14章, 948-958, 丸善出版（2003）.

（9） Stewart, I. Some assembly needed. *Nature*, **448**, 419（2007）.

（10）『京都新聞』, 2002年11月27日朝刊.

（11） Krishnan, S. Ancient Art of Origami shapes high tech gizmos. Christian Science Monitor, September 17, 2003

（12） 鍛治新太郎「世界に飛び出せ折紙工学」『朝日新聞』, 2007年12月17日朝刊.

（13）「車用構造パネル開発」『日刊工業新聞』, 2007年10月9日.

（14）『日本経済新聞』, 2015年1月25日朝刊.

（15） 野島武敏, 多田章二, 勇田篤, 日下貴之, 武田英徳「折りたたみ展開の可能な小型膜構造の製作」『日本膜構造協会誌』, **15**, 19-26（2001）.

（16） 野島武敏『ものづくりのための立体折紙—2枚貼り折紙の提案』日本折紙協会（2015）.

（17） 野島武敏, 杉山文子, 斉藤一哉「折紙による機能構造と3次元構造のモデル化」『プラスチック成型加工学会誌』, **19**（6）, 328-333（2007）.

（18） 齋藤淳, 野島武敏「平面膜の巻取り収納法」『第21回宇宙構造・材料シンポジウム講演後刷集』, 68-71（2006）.

（19） 野島武敏「折紙の数理化とその学術的応用：主に折紙の工学化について」『応用数理』, **18**（4）, 271-284（2008）.

（20A） 野島武敏, 杉山文子「折紙の数理化のための基礎事項」『折紙の数理とその応用』（野島武敏, 萩原一郎 編）, 第1章, 共立出版（2012）.

（20B） 野島武敏「折紙と学術研究との関連」『折紙の数理とその応用』（野島武敏, 萩原一郎 編）, 第2章, 共立出版（2012）.

（20C） 斉藤一哉, 野島武敏「折紙の構造強化機能—新しいコア材の開発」『折紙の数理とその応用』（野島武敏, 萩原一郎 編）, 第7章, 共立出版（2012）.

（21） 野島武敏, 杉山文子「折紙の工学化とその課題」『シミュレーション』, **29**（3）, 82-89（2010）.

（22） 野島武敏,『プラントミメティックス』（甲斐昌一, 森川弘道 監修）, p.106-117, 口絵 p.1, 表紙, エヌ・

ティー・エス（2006）.

(23) Grünbaum, B. & Shephard, G. C. *Tiling and Patterns*, W.H. Freeman and Company (1986), p. 512.

(24) 川崎敏和『バラと折り紙と数学と』森北出版（1998）.

(25) 一松信『正多面体を解く』東海大学出版会（2002），p.86.

(26) Kappraff, J. *Connections: The Geometric Bridge Between Art and Science*, World Scientific (2001).

(27) Jay Kappraff『デザインサイエンス百科事典―かたちの秘密をさぐる』（萩原一郎, 宮崎興二, 野島武敏 監訳）朝倉書店（2011）.

(28) 宮崎興二『多面体百科』丸善出版（2017）.

(29) 石田秀輝, 下村政嗣 監修『自然にまなぶ！ネイチャー・テクノロジー―暮らしをかえる新素材・新技術115』, 学研パブリッシング（2011）.

(30) Jenkins, C. H.(ed.) *Gossamer spacecraft: membrane and inflatable structures technology for Space applications*, AIAA (2001), p.481.

(31) 川村みゆき『多面体の折紙―正多面体、準正多面体およびその双対』日本評論社（1995）.

(32) 前川純『折る幾何学―約60のちょっと変わった折り紙』日本評論社（2016）.

(33) マグナス・J・ウェニンガー『多面体の模型―その作り方と鑑賞』（茂木勇, 横手一郎 訳）教育出版（1979）.

(34) Issey Miyake, 作品カタログ「陰翳（ランプシェード）」（2013）.

(35) 『Domus』2013年11月号.

(36) Issey Miyake, 作品カタログ「服飾品」, 2（2014）.

(37) Nojima, T. Origami Modeling of Functional Structures based on Organic Patterns. http://citese-erx.ist.psu.edu/viewdoc/summary?doi=10.1.1.541.616 (VIP Symp. Internet Related Res. Tokyo, 2007 での講演原稿).

(38) Coxter, H. S. M. The Regular Sponges, or Skew Polyhedra. *Scripta Mathematica*, **6**, 240 (1939).

(39) 斉藤一哉, 野島武敏「平面／空間充塡形に基づく新しい軽量高剛性コアパネルのモデル化」『日本機械学会論文集A』, **73**（**735**）, 1302-1308（2007）.

(40) 武末高裕「折紙を応用　軽くて丈夫な新しい構造体」『Wedge』2011年1月号.

(41) Nojima, T. & Saito, K. Development of newly designed ultra-light core structures, *Inter. J. of JSME A*, **49**, 38-42 (2006).

(42) 斉藤一哉, 野島武敏「任意断面をもつハニカムコアの展開図設計法」『日本機械学会論文集A』, **78**（**787**）, 324-335（2012）.

(43) Kuribayashi, K. Self-deployable origami stent grafts as a biomedical applications of Ni-rich TiNi shape memory alloy foil. *Mater. Sci. Eng. A*, **419**, 131-137 (2006).

(44) 舘知宏「四変形メッシュに基づく折紙デザイン手法」『シミュレーション』, **29**（**3**）, 102-107（2010）.

(45) Chapman, R. F. *The Insects, Structure and Function* (4th ed.), Cambridge Univ. Press (1998).

(46) 『昆虫2（甲虫ほか）　第10版』（オルビス学習科学図鑑）, 学研（2000）.

(47) Saito, K., Yamamoto, S., Maruyama, M. & Okabe, Y. Asymmetric hindwing foldings in rove beetles. *PNAS*, **111**(**46**), 16349-16352 (2014). 索引

索 引

野島武敏（のじま・たけとし）

1969年、京都大学大学院工学研究科修士課程修了。工学博士。京都大学工学部航空宇宙工学科助教、オックスフォード大学理工学部シニア・リサーチフェロー、東京工業大学イノベーション研究推進体特任教授などを経て、現在、株式会社アート・エクセル折紙工学研究所主宰。
文部科学大臣賞科学技術賞研究部門（2009年）、日本機械学会論文賞（2008年、2015年）、日本応用数理学会論文賞（2015年）などを受賞。

折紙工学入門

折紙―幾何学―ものづくりの架け橋

第1版　第1刷　2023年2月15日

検印廃止

〈出版者著作権管理機構 委託出版物〉

本書の無断複写は著作権法上での例外を除き禁じられています。複写される場合は、そのつど事前に、出版者著作権管理機構（電話 03-5244-5088、FAX 03-5244-5089、e-mail:info@jcopy.or.jp）の許諾を得てください。

本書のコピー、スキャン、デジタル化などの無断複製は著作権法上での例外を除き禁じられています。本書を代行業者などの第三者に依頼してスキャンやデジタル化することは、たとえ個人や家庭内の利用でも著作権法違反です。

著　　　者　　　野島　武敏
発　行　者　　　曽根　良介
発　行　所　　㈱化学同人
〒600-8074　京都市下京区仏光寺通柳馬場西入ル
編集部　TEL:075-352-3711　FAX:075-352-0371
営業部　TEL:075-352-3373　FAX:075-351-8301
振　替　01010-7-5702
e-mail　webmaster@kagakudojin.co.jp
Ｕ Ｒ Ｌ　https://www.kagakudojin.co.jp
本文DTP　　㈱ケイエスティープロダクション
印刷・製本　　㈱シナノパブリッシングプレス

Printed in Japan © Taketoshi Nojima 2023　無断転載・複製を禁ず
ISBN978-4-7598-2062-1
乱丁・落丁本は送料小社負担にてお取りかえいたします。

本書のご感想をお寄せください